ワンコイン参考書シリーズ

小5 算数 参考書

日栄社

刊行にあたって

「バブル崩壊」という経済的な事件が、日本で1990年近辺に起こりました。1945年に第二次世界大戦に敗戦した日本は、戦後の復興から、約半世紀にわたる経済成長をとげましたが、「バブル崩壊」は「高度経済成長」から続いていた日本の右肩上がりの時代の終わりを告げるものでした。

それ以降、日本では「失われた30年」とも言われる沈滞の時代が続いています。

「一億総中流」と呼ばれ、がんばれば誰もが豊かになれると信じられた社会から、貧困率が上昇し続ける「格差社会」へと、日本の社会は姿を変えつつあります。子どもたちの生活においても、「7人に1人」が貧困であると言われています。

貧困は子どもたちから教育の機会を奪います。子どもが成長して親になったときに、教育の不足ゆえに低い収入で働き続けることを受け入れざるを得なかったとすれば、その次の世代の子どもも、また貧困に苦しみ、十分な教育から遠ざけられかねません。これは「貧困の連鎖」「格差の連鎖」と呼ばれています。

また、教育の不足で十分な収入が得られないために、不本意ながら結婚や出産をあきらめる人たちもいることでしょう。青壮年の貧困は「少子化」の大きな原因のひとつともなっています。

こういった悪循環は、日本の現在の大人である私たちが作りだしたものであり、子どもたちには何の責任もありません。この悪循環を止めるにはいろいろな方法があろうかと思いますが、「高齢化」が進行し、福祉にますます財源が必要になる中でも、貧しさが原因で子どもが学びをあきらめるような社会をつくってはならないと、私たちは考えています。

『ワンコイン参考書・問題集（税別500円）／ツーコイン電子参考書・電子問題集（税別200円）』は、未来を担う日本の子どもたちが安くても良質な参考書・問題集を手に取れるようにとの思いで刊行しました。この理念に賛同してくれた著者の先生や、制作会社、印刷会社の人たちのおかげで、このシリーズを刊行することができました。

子どもたちよ、どうか「学びを、あきらめない」でください。このシリーズが子どもたちの役に立つことを祈っています。

2022年10月27日　日栄社編集部

もくじ　小5算数参考書

第1章 整数と小数

ビー玉1個《こ》の重さは6.538gです。

6.538という数は，どんな数でしょうか。

6.538のそれぞれの位の数は次の表のようになっています。

一の位	$\frac{1}{10}$の位	$\frac{1}{100}$の位	$\frac{1}{1000}$の位
6	5	3	8

次のように，6.538の6は，1が6個《こ》，5は，0.1が5個《こ》，…を表しています。

1　　が　6個《こ》　……　6

0.1　が　5個《こ》　……　0.5

0.01　が　3個《こ》　……　0.03

0.001　が　8個《こ》　……　0.008

あわせて6.538

したがって，6.538は，次のような式に表すことができます。

$$6.538 = 1 \times 6 + 0.1 \times 5 + 0.01 \times 3 + 0.001 \times 8$$

6.538gの10倍，100倍，1000倍の重さ，
6.538gを $\frac{1}{10}$，$\frac{1}{100}$，$\frac{1}{1000}$ にした重さをそれぞれ調べましょう。

$$6.538\times 10 = 65.38$$

$$6.538\times 100 = 653.8$$

$$6.538\times 1000 = 6538$$

$$6.538\div 10 = 0.6538$$

$$6.538\div 100 = 0.06538$$

$$6.538\div 1000 = 0.006538$$

整数や小数を10倍，100倍，1000倍すると，小数点はそれぞれ右に1けた，2けた，3けた移《うつ》ります。
また，整数や小数を $\frac{1}{10}$，$\frac{1}{100}$，$\frac{1}{1000}$ にすると，小数点はそれぞれ左に1けた，2けた，3けた移《うつ》ります。

確《かく》認《にん》問題

解答《かいとう》11ページ

1 フルマラソンのきょりは42.195kmです。この42.195という数について，次の問いに答えましょう。

①それぞれの位の数を次の表の空らんに入れましょう。

十の位	一の位	$\frac{1}{10}$の位	$\frac{1}{100}$の位	$\frac{1}{1000}$の位

② [　　] にあてはまる数を入れましょう。

42.195＝10×[Ⓐ]＋1×[Ⓑ]

＋0.1×[Ⓒ]＋0.01×[Ⓓ]

＋0.001×[Ⓔ]

〔Ⓐ　　　　　　〕

〔Ⓑ　　　　　　〕

〔Ⓒ　　　　　　〕

〔Ⓓ　　　　　　〕

〔Ⓔ　　　　　　〕

③次の数は42.195を何倍した数ですか。

Ⓐ421.95

〔　　　　　　〕

Ⓑ42195

〔　　　　　　〕

Ⓒ4219.5

〔　　　　　　〕

④次の数は42.195を何分の1にした数ですか。分数で答えましょう。

Ⓐ0.42195

〔　　　　　　〕

Ⓑ4.2195

〔　　　　　　〕

2 ［　　］にあてはまる数を入れましょう。

①4.37＝1×［　Ⓐ　］＋0.1×［　Ⓑ　］＋0.01×［　Ⓒ　］

〔Ⓐ　　　　　　Ⓑ　　　　　　〕

〔Ⓒ　　　　　　　　　　　　　〕

②3.208＝1×［　Ⓐ　］＋0.1×［　Ⓑ　］

＋0.01×［　Ⓒ　］＋0.001×［　Ⓓ　］

〔Ⓐ　　　　　　Ⓑ　　　　　　〕

〔Ⓒ　　　　　　Ⓓ　　　　　　〕

③67.31＝10×［　Ⓐ　］＋1×［　Ⓑ　］＋0.1×［　Ⓒ　］

＋0.01×［　Ⓓ　］

〔Ⓐ　　　　　　Ⓑ　　　　　　〕

〔Ⓒ　　　　　　Ⓓ　　　　　　〕

3 次の問いに答えましょう。

①次の数は 0.01 を何《なん》個《こ》集めた数ですか。

Ⓐ0.05　　　　Ⓑ0.37

Ⓒ70.3　　　　Ⓓ5.9

〔Ⓐ　　　　Ⓑ　　　　〕

〔Ⓒ　　　　Ⓓ　　　　〕

②次の数は 0.001 を何《なん》個《こ》集めた数ですか。

Ⓐ0.008　　　　Ⓑ0.081

Ⓒ0.572　　　　Ⓓ2.2

〔Ⓐ　　　　Ⓑ　　　　〕

〔Ⓒ　　　　Ⓓ　　　　〕

4 次の計算をしましょう。

①$1.83 \times 10$

〔　　　　　　　　〕

②$6.92 \times 100$

〔　　　　　　　　〕

③$0.48 \times 1000$

〔　　　　　　　　〕

④$4.12 \div 10$

〔　　　　　　　　〕

⑤$50.7 \div 100$

〔　　　　　　　　〕

⑥$23.6 \div 1000$

〔　　　　　　　　〕

解《かい》 答《とう》

問題 6ページ

1 ①

十の位	一の位	$\frac{1}{10}$の位	$\frac{1}{100}$の位	$\frac{1}{1000}$の位
4	2	1	9	5

②Ⓐ4　Ⓑ2　Ⓒ1　Ⓓ9　Ⓔ5

③Ⓐ10倍　Ⓑ1000倍　Ⓒ100倍

④Ⓐ $\frac{1}{100}$　Ⓑ $\frac{1}{10}$

2 ①Ⓐ4　Ⓑ3　Ⓒ7

②Ⓐ3　Ⓑ2　Ⓒ0　Ⓓ8

③Ⓐ6　Ⓑ7　Ⓒ3　Ⓓ1

3 ①Ⓐ5個《こ》　Ⓑ37個《こ》　Ⓒ7030個《こ》　Ⓓ590個《こ》

②Ⓐ8個《こ》　Ⓑ81個《こ》　Ⓒ572個《こ》　Ⓓ2200個《こ》

4 ①18.3

②692

③480

④0.412

⑤0.507

⑥0.0236

第2章　直方体や立方体の体積

1．直方体や立方体の体積

ものの
かさのことを**体積**といいます。体積は，1辺が1cmの立方体が何《なん》個《こ》分あるかで表します。

1辺が1cmの立方体の体積を**1cm^3**と書き,「**1立方センチメートル**」と読みます。

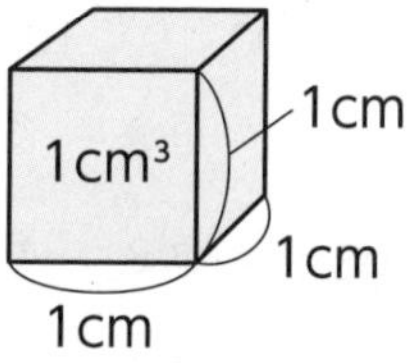

右の図の直方体の体積の求め方を考えましょう。

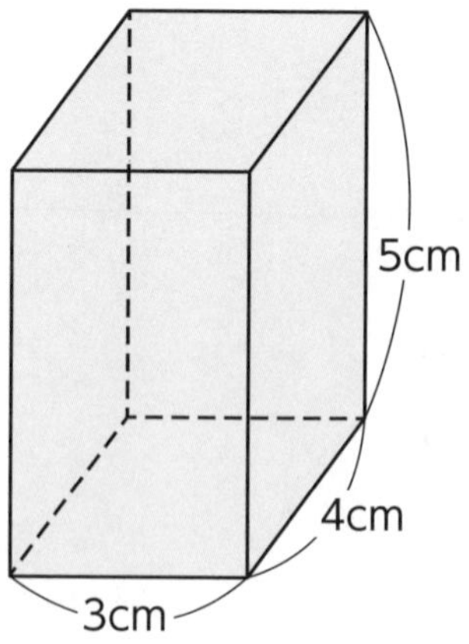

この直方体は，1cm^{3}の立方体が何《なん》個《こ》分であるか考えます。

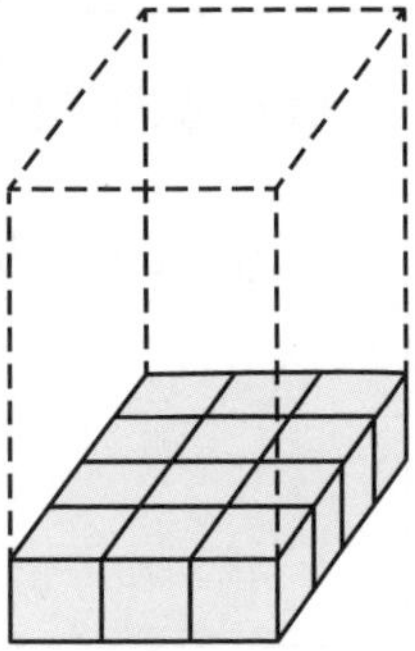

1だんめは，4 × 3 = 12より，1cm^{3}の立方体12個《こ》分です。

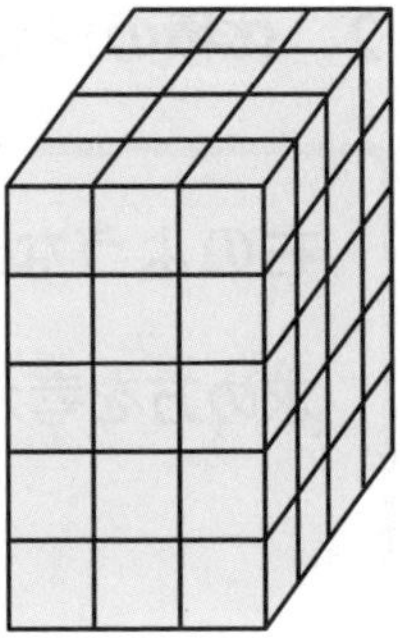

5だんあるので，12 × 5 = 60より，1cm^{3}の立方体は全部で60個《こ》分です。

したがって，この直方体の体積は60cm^{3}です。

立方体のときも，同じように考えることができます。

たとえば，1辺が4cmの立方体は，1だんめは1cm^{3}の立方体が（4 × 4 =）16個《こ》分です。4だんあるので，1cm^{3}の立方体は全部で（16 × 4 =）64個《こ》分です。したがって，1辺が4cmの立方体の体積は64cm^{3}です。

このように，直方体や立方体の体積は，次の公式で求めることができます。

直方体の体積＝たて×横×高さ

立方体の体積＝１辺×１辺×１辺

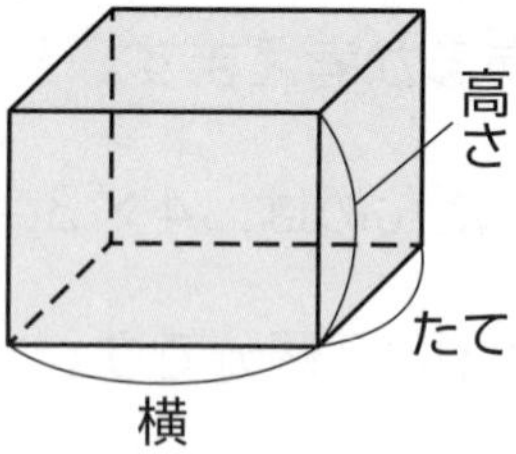

2．体積の求め方の工夫《くふう》

右のような形の体積の求め方を考えましょう。

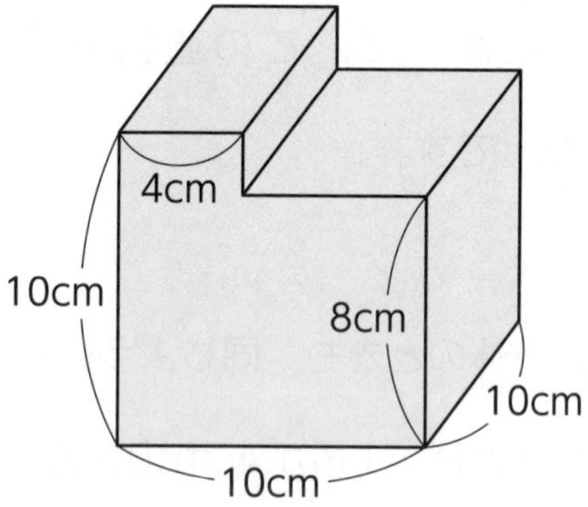

〈考え方①〉

右の図のように，㋐と㋑の２つの直方体に分けます。

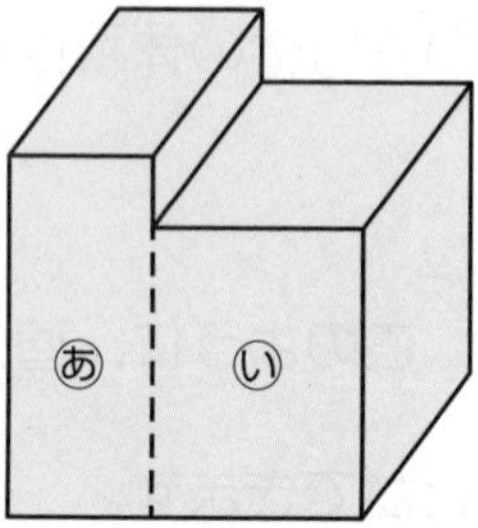

㋐の直方体の体積は，

$10 \times 4 \times 10 = 400$ (cm^3)

(い)の直方体の体積は，

$$10 \times (10 - 4) \times 8 = 480\ (\mathrm{cm}^3)$$

したがって，求める体積は，

$$400 + 480 = 880\ (\mathrm{cm}^3)$$

右の図のように上下に(あ)と(い)の２つの直方体に分けて考えることもできます。

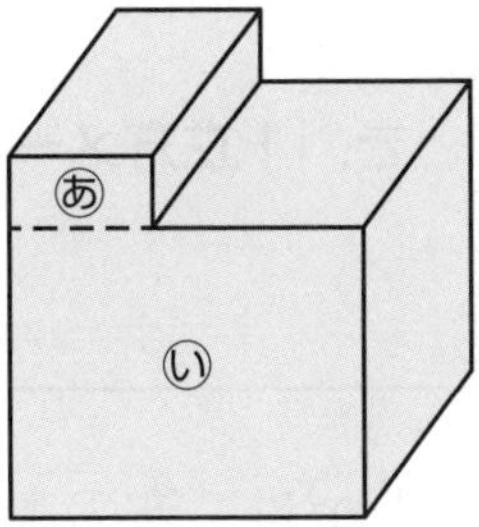

〈考え方②〉

右の図のように，大きい立方体から小さい直方体をひいて求めます。

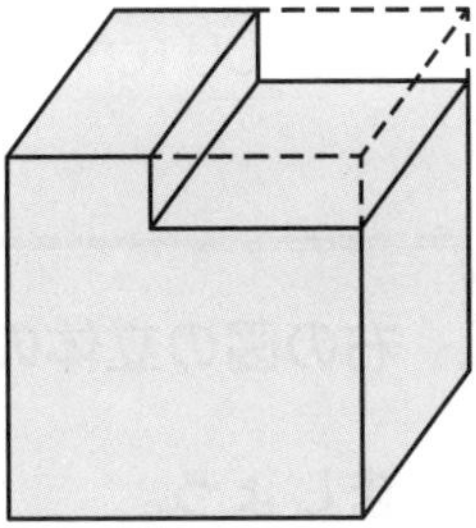

大きい立方体の体積は，

$$10 \times 10 \times 10 = 1000\ (\mathrm{cm}^3)$$

小さい直方体の体積は，

$$10 \times (10 - 4) \times (10 - 8) = 120\ (\mathrm{cm}^3)$$

したがって，求める体積は，

$$1000 - 120 = 880\ (\mathrm{cm}^3)$$

3．大きい体積

大きなものの体積は，1辺が1mの立方体が何《なん》個《こ》分あるかで表します。

1辺が1mの立方体の体積を**1m³**と書き，「**1立方メートル**」と読みます。

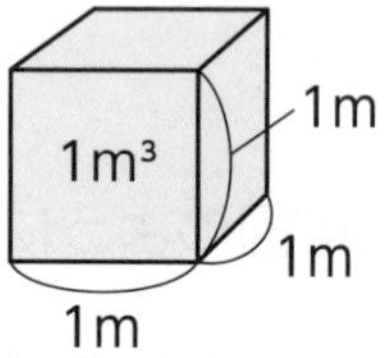

1m³は，次のように，1000000cm³です。

$$\underline{1\,(\mathrm{m})} \times \underline{1\,(\mathrm{m})} \times \underline{1\,(\mathrm{m})} = 1\,(\mathrm{m}^3)$$

↓　↓　↓　↓

$$\underline{100\,(\mathrm{cm})} \times \underline{100\,(\mathrm{cm})} \times \underline{100\,(\mathrm{cm})} = 1000000\,(\mathrm{cm}^3)$$

右の図の立体の体積を求めましょう。

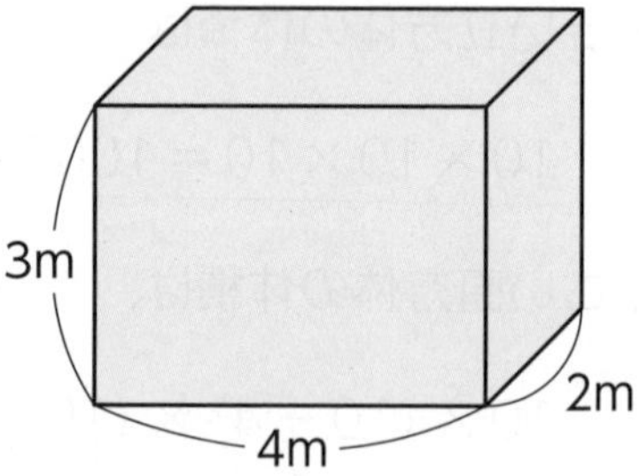

単位がcmのときと同じように考えて，

$$2 \times 4 \times 3 = 24\,(\mathrm{m}^3)$$

4．容積《ようせき》

右の図は，直方体の形をした水そうです。
水そうの厚《あつ》さは1cmです。
この水そうに入る水の体積は何 cm³ ですか。

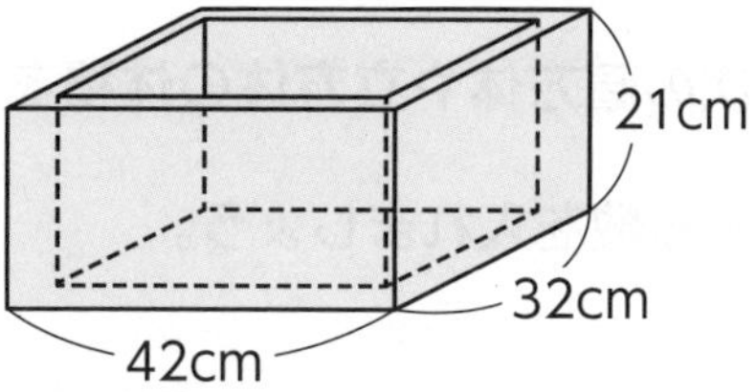

入れ物の内側を測《はか》った長さを**内のり**といい，入れ物の中いっぱいに入るものの体積を，その入れ物の**容積《ようせき》**といいます。

この水そうの内のりは，右の図のように，たて30cm，横40cm，高さ20cmです。

したがって，この水そうの容積《ようせき》（＝この水そうに入る水の体積）は，

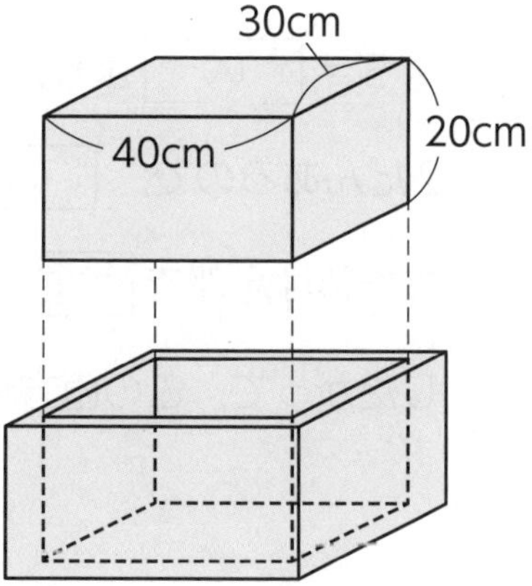

$$30 \times 40 \times 20 = 24000\ (\mathrm{cm}^3)$$

確《かく》認《にん》問題

解答《かいとう》30ページ

1. 直方体や立方体の体積

1 次の直方体や立方体の体積を考えます。［　　］にあてはまる数を入れましょう。

①

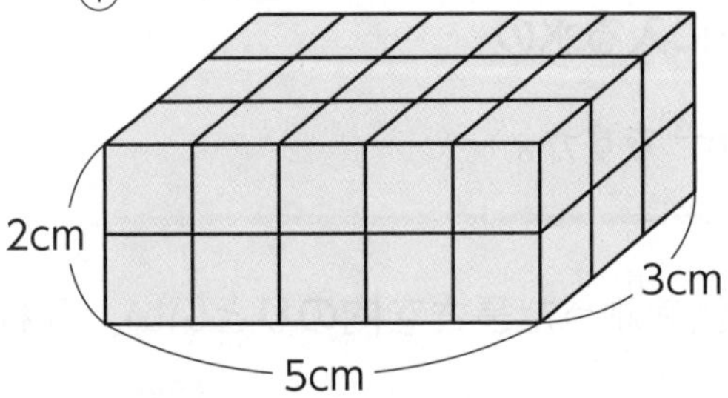

①1だんめは1cm^3の立方体がたて3個《こ》，横5個《こ》あるので3×5＝［Ⓐ］より，1cm^3の立方体［Ⓐ］個《こ》分です。

2だんあるので，［Ⓐ］×2＝［Ⓑ］より，1cm^3の立方体は全部で［Ⓑ］個《こ》分です。

したがって，この直方体の体積は［Ⓑ］cm^3です。

〔Ⓐ　　　　　　〕

〔Ⓑ　　　　　　〕

②

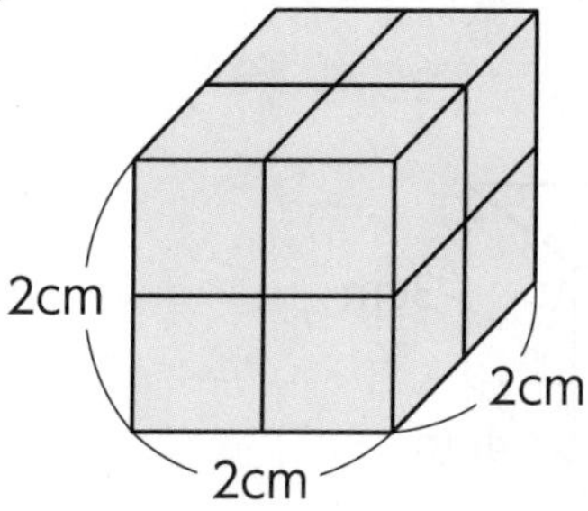

②1だんめは$1cm^3$の立方体がたて2個《こ》，横2個《こ》あるので2×2＝ Ⓐ より， Ⓐ 個《こ》分です。

2だんあるので， Ⓐ ×2＝ Ⓑ より，$1cm^3$の立方体は全部で Ⓑ 個《こ》分です。

したがって，この立方体の体積は Ⓑ cm^3です。

〔Ⓐ　　　　　　　　〕

〔Ⓑ　　　　　　　　〕

2 次の直方体や立方体の体積を求めましょう。

①

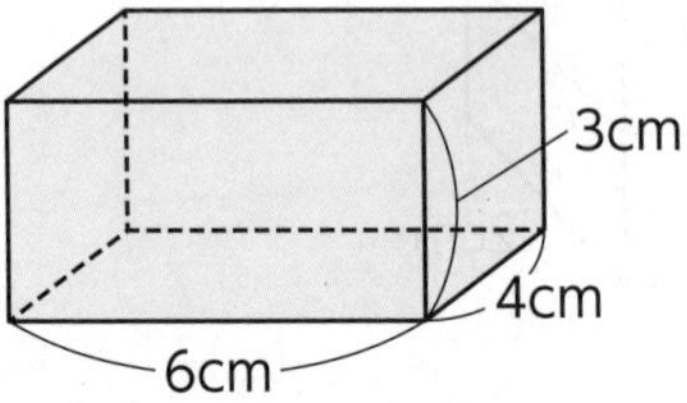

〔　　　　　　　　　〕cm^3

②

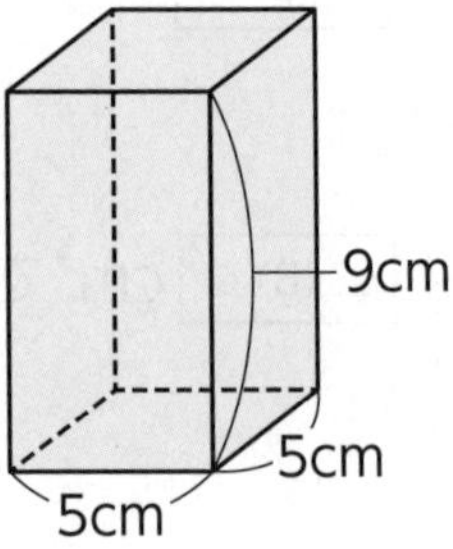

〔　　　　　　　　　〕cm^3

③

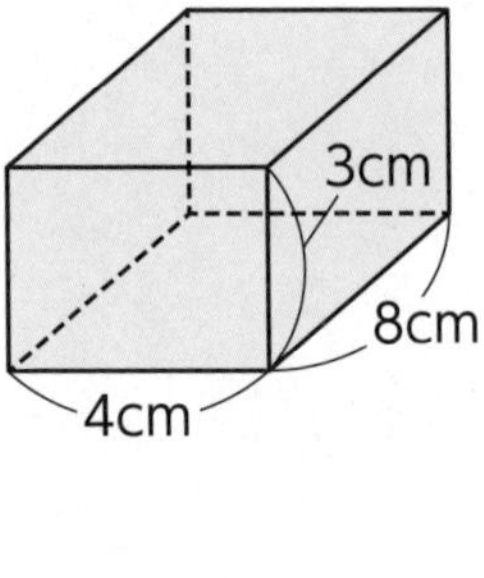

〔　　　　　　　　　〕cm^3

④

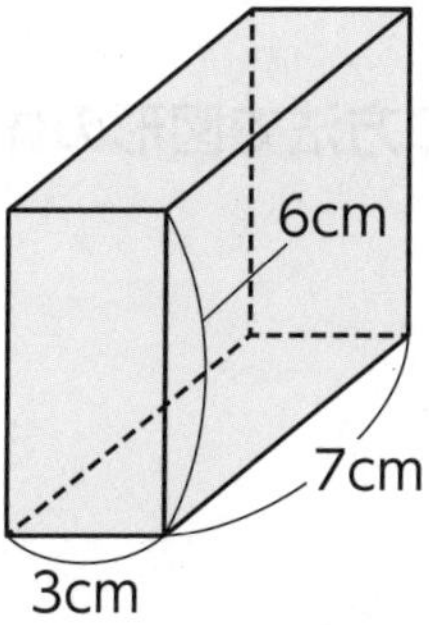

〔　　　　　　　　〕cm^3

⑤

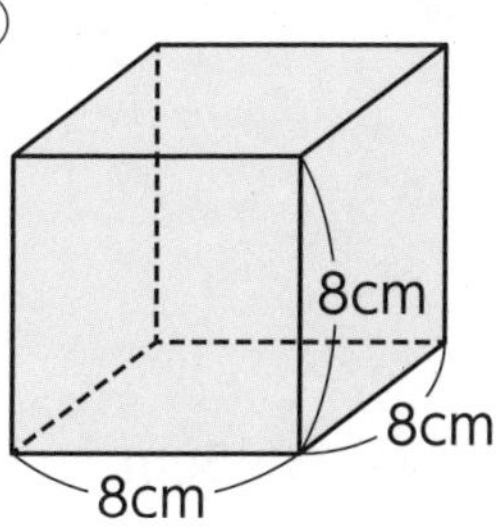

〔　　　　　　　　〕cm^3

⑥

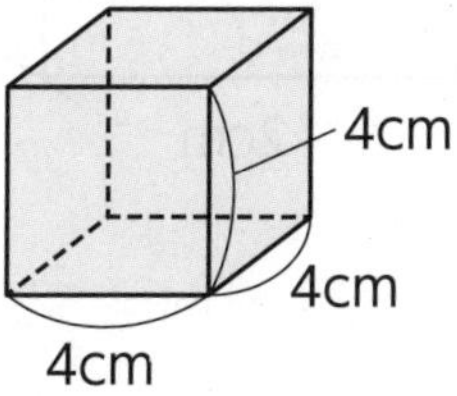

〔　　　　　　　　〕cm^3

2. 体積の求め方の工夫《くふう》

1 下の図形の体積を考えます。次の３つの方法で図形の体積を求めましょう。

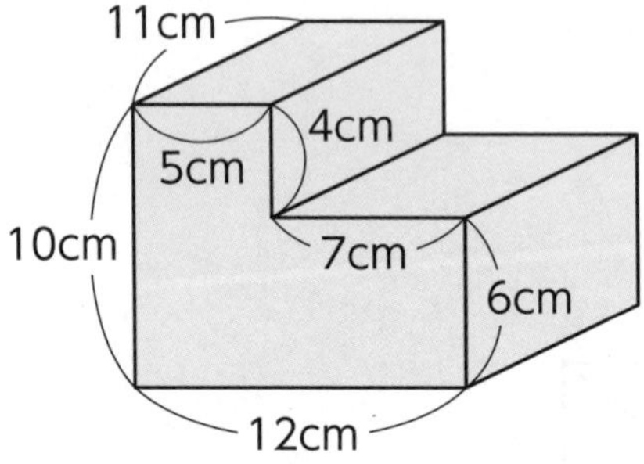

①図のように，Ⓐと Ⓑの２つの直方体に分ける。

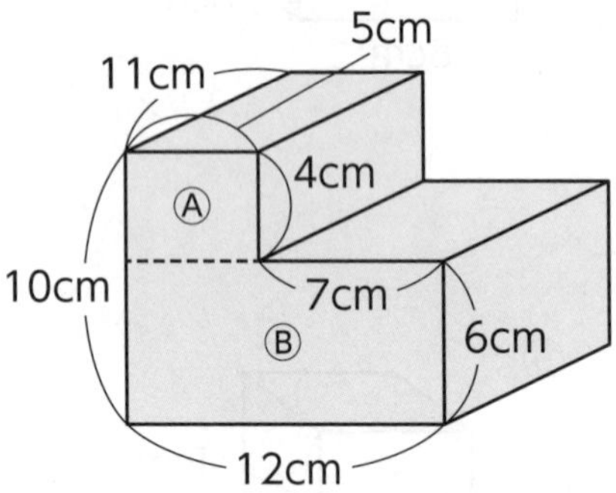

〔Ⓐ　　　　　　　　　　Ⓑ　　　　　　　　　　〕cm^3

〔体積　　　　　　　　　　　　　　　　　　　〕cm^3

②図のように，Ⓐと Ⓑの２つの直方体に分ける。

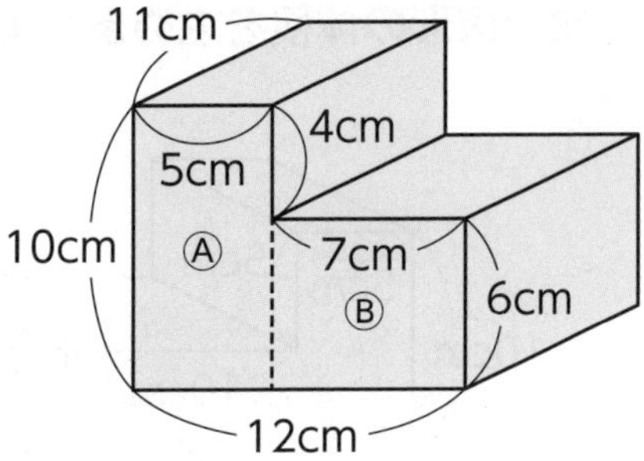

〔Ⓐ　　　　　　　　　　　Ⓑ　　　　　　　　　　　〕cm^3

〔体積　　　　　　　　　　　　　　　　　　　　　〕cm^3

③図のように，大きい直方体から小さい直方体をひく。

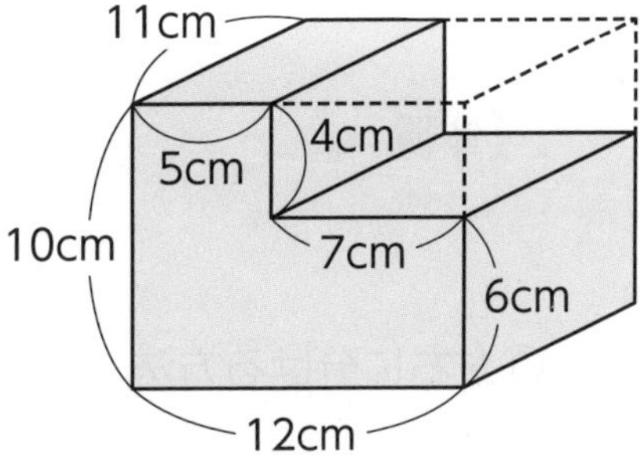

〔大　　　　　　　　　　　小　　　　　　　　　　〕cm^3

〔体積　　　　　　　　　　　　　　　　　　　　　〕cm^3

2 次の図形の体積を求めましょう。

①

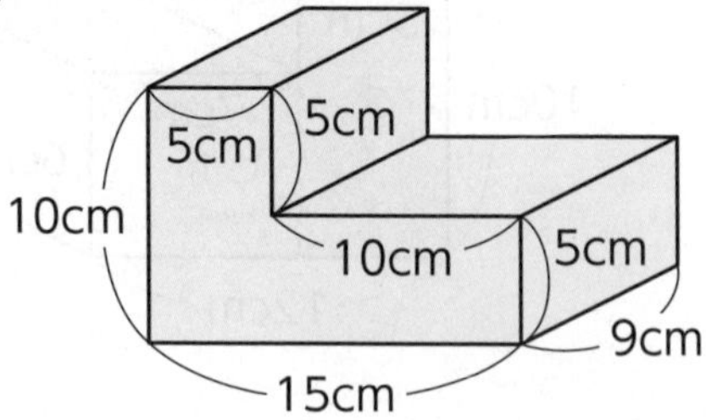

Ⓐ上下に分ける方法

〔上　　　　　　　　下　　　　　　　　〕cm^3

〔体積　　　　　　　　　　　　　　　　〕cm^3

Ⓑ左右に分ける方法

〔左　　　　　　　　右　　　　　　　　〕cm^3

〔体積　　　　　　　　　　　　　　　　〕cm^3

Ⓒ大きい直方体から小さい直方体をひく方法

〔大　　　　　　　　　　小　　　　　　　　　　〕cm^3

〔体積　　　　　　　　　　　　　　　　　　　　〕cm^3

②

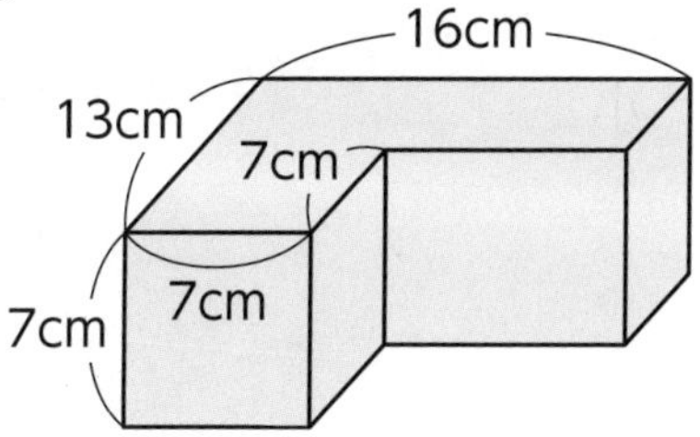

Ⓐ手前とおくに分ける方法

〔手前　　　　　　　　　おく　　　　　　　　　〕cm^3

〔体積　　　　　　　　　　　　　　　　　　　　〕cm^3

Ⓑ左右に分ける方法

〔左　　　　　　　　右　　　　　　　　〕cm^3

〔体積　　　　　　　　　　　　　　　　〕cm^3

Ⓒ大きい直方体から小さい直方体をひく方法

〔大　　　　　　　　小　　　　　　　　〕cm^3

〔体積　　　　　　　　　　　　　　　　〕cm^3

③大きい立方体から小さい直方体をひく方法

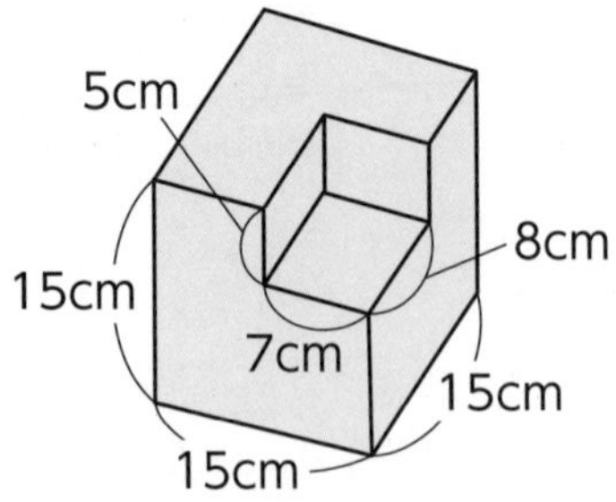

〔大　　　　　　　　小　　　　　　　　〕cm^3

〔体積　　　　　　　　　　　　　　　　〕cm^3

3. 大きい体積

1 次の直方体や立方体の体積を求めましょう。

①

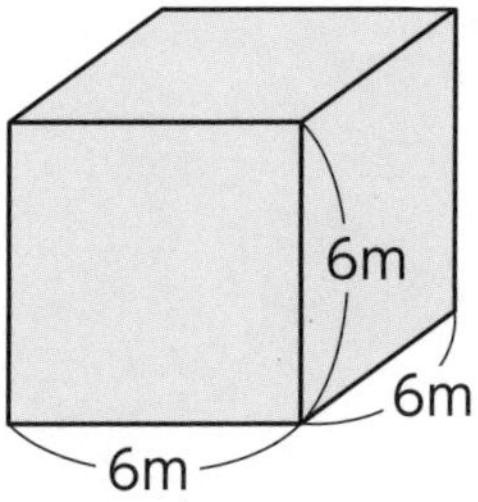

〔　　　　　　〕m^3

②

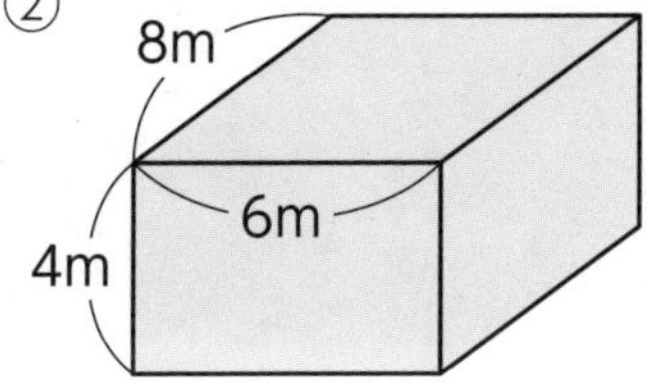

〔　　　　　　〕m^3

2 次の問いに答えましょう。

① $1m^3$は何cm^3ですか。

〔　　　　　　〕cm^3

② $2600000cm^3$は何m^3ですか。

〔　　　　　　〕m^3

③ $13m^3$は何cm^3ですか。

〔　　　　　　〕cm^3

4. 容積《ようせき》

1 次のような直方体の形をした水そうに入る水の体積を求めましょう。水そうの厚《あつ》さは1cmです。

①

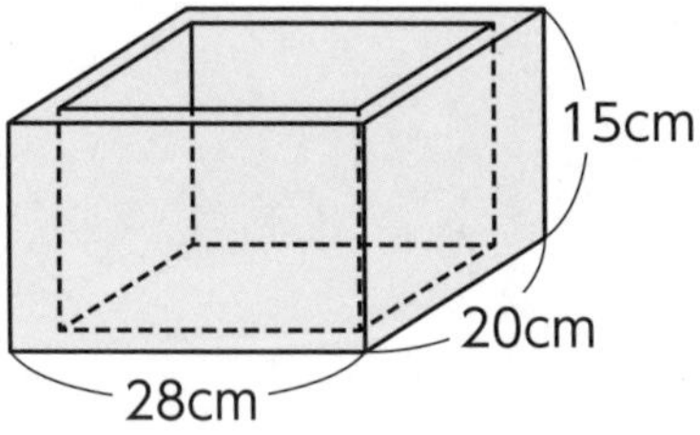

〔　　　　　　　　〕cm^3

②

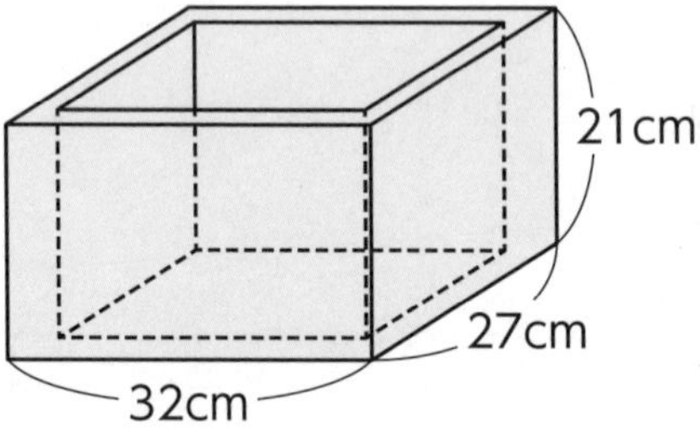

〔　　　　　　　　〕cm^3

2 次のような形の容《よう》器《き》の容積《ようせき》を求めましょう。

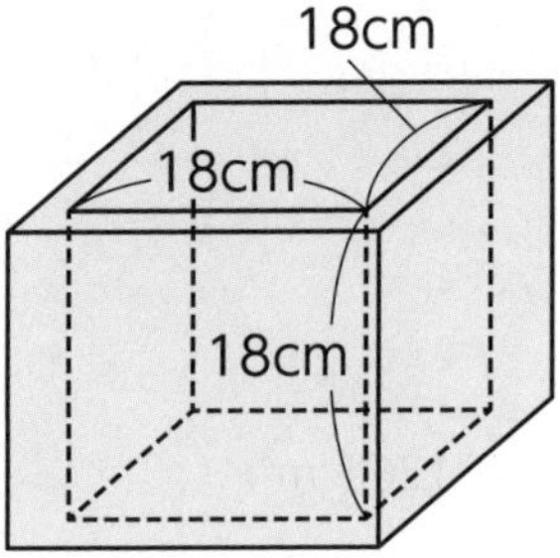

〔　　　　　　　　〕cm^3

解《かい》 答《とう》

問題 18ページ

1. 直方体や立方体の体積

1 ①Ⓐ15　Ⓑ30

②Ⓐ4　Ⓑ8

2 ①72 (cm^3)　②225 (cm^3)　③96 (cm^3)　④126 (cm^3)

⑤512 (cm^3)　⑥64 (cm^3)

2. 体積の求め方の工夫《くふう》

1 ①Ⓐ220 (cm^3)　Ⓑ792 (cm^3)　体積　1012 (cm^3)

②Ⓐ550 (cm^3)　Ⓑ462 (cm^3)　体積　1012 (cm^3)

③大　1320 (cm^3)　小　308 (cm^3)　体積　1012 (cm^3)

2 ①Ⓐ上　225 (cm^3)　下　675 (cm^3)　体積　900 (cm^3)

Ⓑ左　450 (cm^3)　右　450 (cm^3)　体積　900 (cm^3)

Ⓒ大　1350 (cm^3)　小　450 (cm^3)　体積　900 (cm^3)

②Ⓐ手前　343 (cm^3)　おく　672 (cm^3)　体積　1015 (cm^3)

Ⓑ左　637 (cm^3)　右　378 (cm^3)　体積　1015 (cm^3)

Ⓒ大　1456 (cm^3)　小　441 (cm^3)　体積　1015 (cm^3)

③大　3375 (cm^3)　小　280 (cm^3)　体積　3095 (cm^3)

3. 大きい体積

1 ①216 (m^3)　②192 (m^3)

2 ①1000000 (cm^3)　②2.6 (m^3)　③13000000 (cm^3)

4. 容積《ようせき》

1 ①6552 (cm^3)　②15000 (cm^3)

解《かい》説《せつ》 ①内のりのたては $20-1-1=18$ (cm)

内のりの横は $28-1-1=26$ (cm)

内のりの高さは $15-1=14$ (cm)

よって，求める体積は $18\times26\times14=6552$ (cm^3)

②内のりのたては $27-1-1=25$ (cm)

内のりの横は $32-1-1=30$ (cm)

内のりの高さは $21-1=20$ (cm)

よって，求める体積は $25\times30\times20=15000$ (cm^3)

2 5832 (cm^3)

第3章 比例《ひれい》

右のような直方体を，下のように積み重ねていきます。

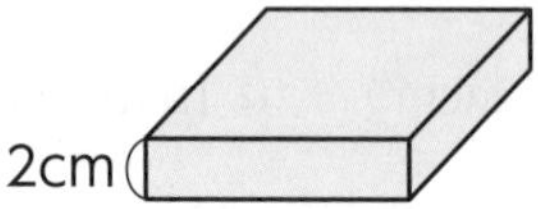

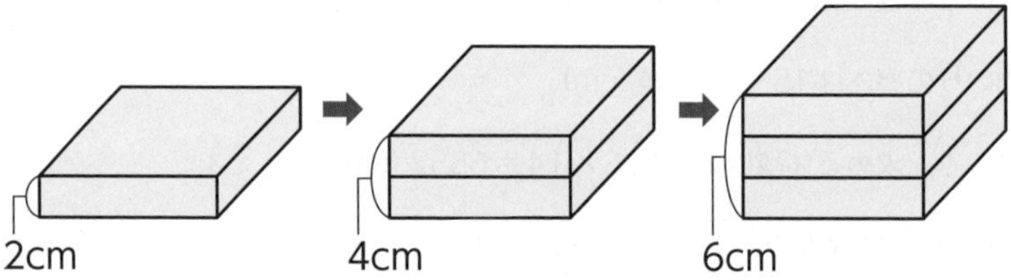

直方体の数と全体の高さの関係を調べましょう。

直方体の数と全体の高さの関係は，下の表のようになります。

数（個《こ》）	1	2	3	4	5	6	7	…
高さ（cm）	2	4	6	8	10	12	14	…

直方体の数が2倍，3倍，……になると，全体の高さはどのように変わるでしょうか。

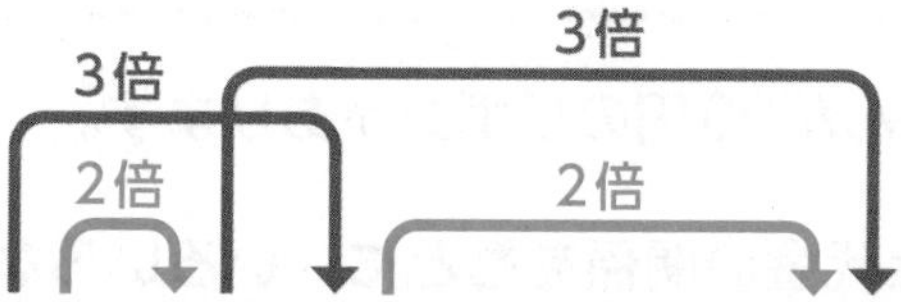

数 (個《こ》)	1	2	3	4	5	6	7	…
高さ (cm)	2	4	6	8	10	12	14	…

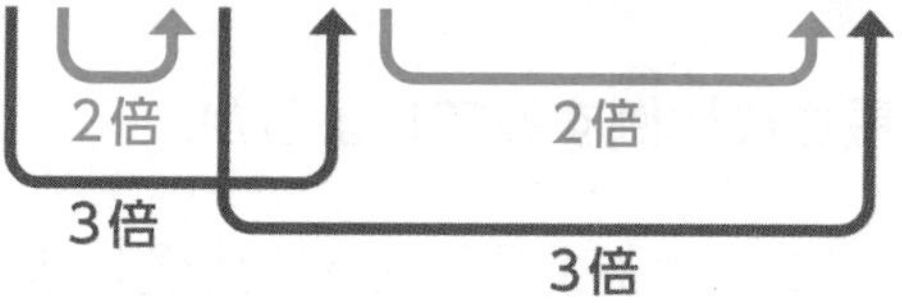

直方体の数が2倍，3倍，……になると，それにともなって，全体の高さも2倍，3倍，……になっています。

2つの量○と□があり，○が2倍，3倍，……になると，それにともなって，□も2倍，3倍，……になるとき，「□は○に**比例《ひれい》する**」といいます。

1mのねだんが90円のリボンがあります。
買う長さと代金の関係をもとに，いろいろなことを調べましょう。

代金は買う長さに比例《ひれい》するでしょうか。

下の表のように，代金は買う長さに比例《ひれい》します。

長さ (m)	1	2	3	4	5	6	7	…
代金 (円)	90	180	270	360	450	540	630	…

買う長さと代金の関係を，数直線の図に表しましょう。

上の直線を代金，下の直線を買う長さとすると，下の図のようになります。

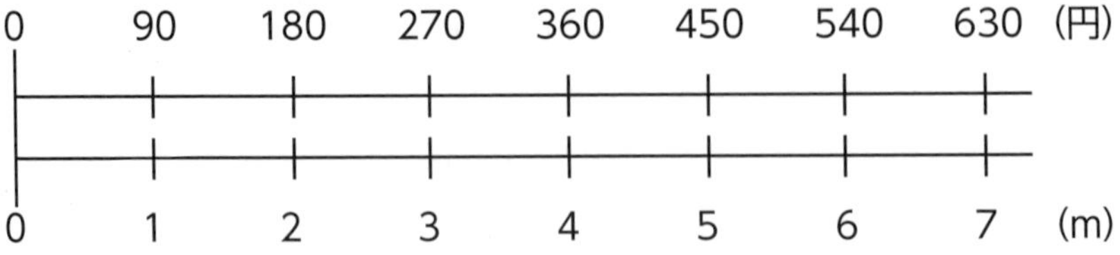

数直線を利用して，買う長さが12mのときの代金を求めましょう。

次の図で，□は，買う長さが12mのときの代金を表しています。

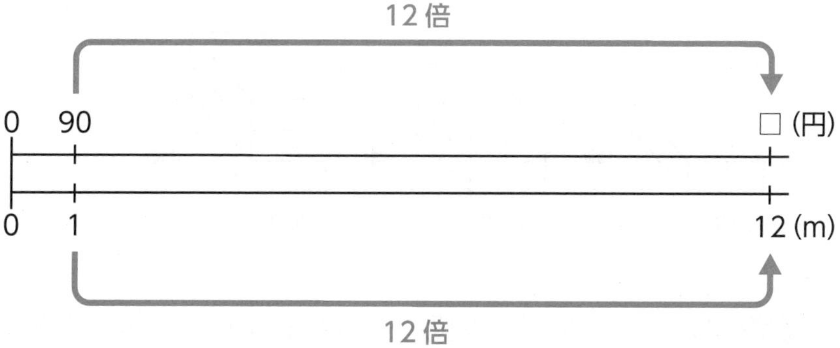

代金は買う長さに比例《ひれい》し，買う長さは1mの12倍なので，代金も1mのときの12倍になります。

したがって，求める代金は，

$90 \times 12 = 1080$ (円)

確《かく》認《にん》問題

解答《かいとう》 39ページ

1 高さが3cmの積み木があります。下のように積み重ねていくと，高さはどのように変わりますか。

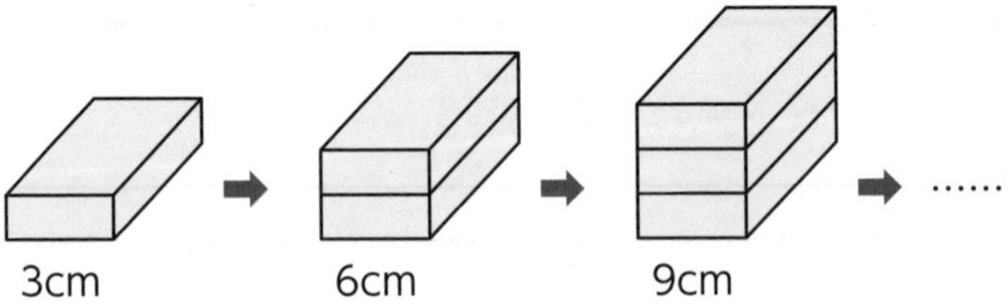

①積む数と全体の高さの関係を，表にしました。あてはまる数を空らんに入れましょう。

積み木の数（個《こ》）	1	2	3	4	5
全体の高さ（cm）	3				

②積み木全体の高さは，積み木の数に比《ひ》例《れい》しますか。

〔　　　　　　　　　　　　〕

2 1mのねだんが70円のロープがあります。

①ロープの長さと代金の関係を，表にしました。あてはまる数を空らんに入れましょう。

長さ（m）	1	2	3	4	5
代金（円）					

②代金は長さに比例《ひれい》しますか。

〔　　　　　　　　〕

3 次の，ともなって変わる2つの量で，△は□に比例《ひれい》していますか。比例《ひれい》しているものは「○」，そうでないものは「×」を書いて答えましょう。

①子どもに1人5枚《まい》ずつクッキーをあげるときの子どもの人数□人と，必要なクッキーの枚《まい》数△枚《まい》　〔　　　　〕

②まわりの長さが30cmの長方形のたての長さ□cmと，横の長さ△cm　〔　　　　〕

③1本150mLのジュースが□本あるときの，全体のジュースの量△mL　〔　　　〕

4 1mのねだんが80円のはり金があります。

①このはり金の長さが4mのとき，代金は何円ですか。

〔　　　〕

②長さが2倍，3倍，……になると，代金はどうなりますか。

〔　　　〕

③代金が640円になるのは，長さが何mのときですか。

〔　　　〕

解《かい》答《とう》

問題 36ページ

1①

積み木の数（個《こ》）	1	2	3	4	5
全体の高さ（cm）	3	6	9	12	15

②比例《ひれい》する

2①

長さ（m）	1	2	3	4	5
代金（円）	70	140	210	280	350

②比例《ひれい》する

3①○　②×　③○

解説《かいせつ》 下のような表を作って□と△の関係を整理し，□が2倍，3倍，……になると，△が2倍，3倍，……になるかどうかで判断《はんだん》します。

①

□（人）	1	2	3	4	5
△（枚《まい》）	5	10	15	20	25

②

□（cm）	1	2	3	4	5
△（cm）	14	13	12	11	10

③

□（本）	1	2	3	4	5
△（mL）	150	300	450	600	750

4①320円　②2倍，3倍，……になる。　③8m

解説《かいせつ》 ③640÷80＝8より，640円を80円（もとの代金）でわると，長さが1mのときの代金より8倍になっているのがわかります。長さも8倍になります。

第4章 小数のかけ算

1. 整数×小数

1mのねだんが90円のリボンを，2.6m買いました。

代金は何円ですか。

まず，この問題の答えを求める式を考えましょう。

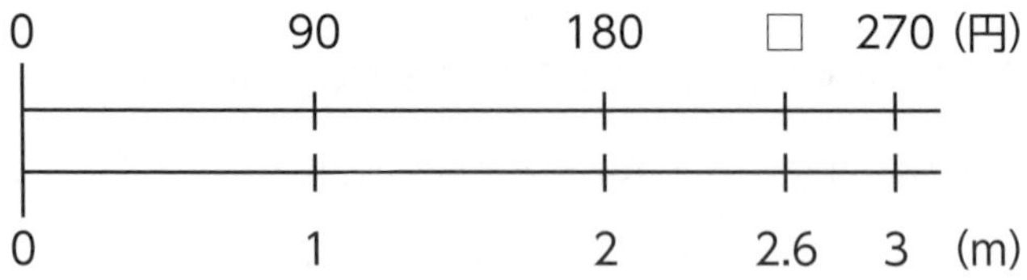

2mの代金　→　90 × 2 = 180 (円)

3mの代金　→　90 × 3 = 270 (円)

2.6mの代金　→　90 × 2.6 (円)

上の図のように，リボンの長さが2倍，3倍，……になると，代金も2倍, 3倍, ……になります。リボンの長さが小数になっても, 整数のときと同じように考えることができます。よって，リボンの長さが2.6倍になると，代金も2.6倍になるので，この問題の答えを求める式は　90 × 2.6　となります。

それでは　90 × 2.6　の計算のしかたを考えましょう。

〈考え方①〉

0.1mの代金の26倍と考えます。

0.1mの代金は，90 ÷ 10　だから，

2.6mの代金は，これを26倍して，

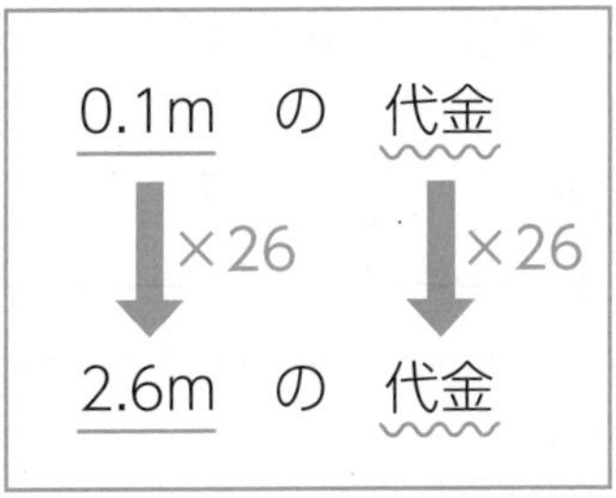

$$90 \times 2.6 = (90 \div 10) \times 26$$

$$= 234\ (円)$$

〈考え方②〉

26mの代金の $\frac{1}{10}$ と考えます。26mの代金は，90 × 26　だから，2.6mの代金は，これを $\frac{1}{10}$ にして，

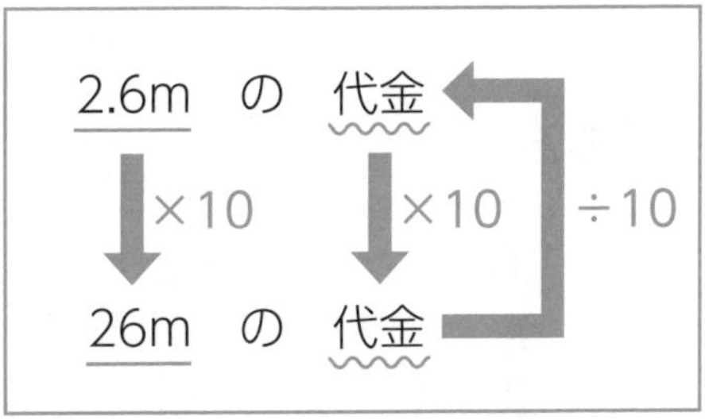

$$90 \times 2.6 = (90 \times 26) \div 10$$

$$= 234\ (円)$$

このように，小数のかけ算では，整数の計算でできるようにすると，答えを求めることができます。

2. 小数×小数

1mの重さが1.67kgの鉄のぼうがあります。

このぼう3.2mの重さは何kgですか。

まず，この問題の答えを求める式を考えましょう。

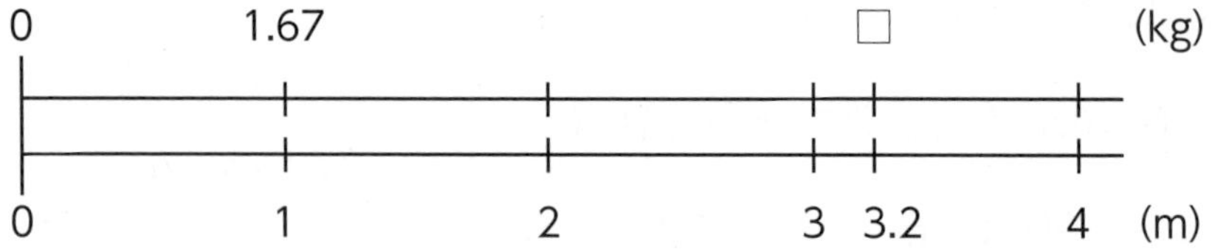

ぼうの長さが3.2倍になると，重さも3.2倍になるので，この問題の答えを求める式は　1.67×3.2　となります。

整数×小数　のときと同じように，整数の計算でできるようにすると，

$$1.67 \times 3.2 = 5.344$$

↓×100　↓×10　↓×1000　↑÷1000

$$167 \times 32 = 5344$$

$$1.67 \times 3.2 = (1.67 \times 100) \times (3.2 \times 10) \div 1000$$

$$= 167 \times 32 \div 1000$$

$$= 5.344\ (\mathrm{kg})$$

1.67×3.2　の筆算のしかたを考えましょう。

小数をかける筆算は，次の手順で行います。

①小数がないものとみて計算する。

		1	.6	7	……小数点は右へ2けた移《うつ》る
×			3	.2	……小数点は右へ1けた移《うつ》る
		3	3	4	
	5	0	1		
	5	3	4	4	

②積の小数点は，かけられる数とかける数の小数点の右にあるけた数の和だけ，右から数えて打つ。

		1	.6	7	
×			3	.2	
		3	3	4	
	5	0	1		
	5	.3	4	4	……小数点は左へ(2＋1＝) 3けた移《うつ》る

3. 積の大きさ

次の計算をして，かける数と積の大きさの関係を調べましょう。

㋐5×3　　㋑5×1.4　　㋒5×1

㋓5×0.7　　㋔5×0.3

計算の結果は，それぞれ次のようになります。

㋐5×3＝15（15＞5）　㋑5×1.4＝7（7＞5）

㋒5×1＝5（5＝5）　㋓5×0.7＝3.5（3.5＜5）

㋔5×0.3＝1.5（1.5＜5）

このように，かける数と積の大きさには，次のような関係があります。

かける数が1より大きいとき	…	積 ＞ かけられる数
かける数が1のとき	…	積 ＝ かけられる数
かける数が1より小さいとき	…	積 ＜ かけられる数

この関係を理解《りかい》していると，次のように，計算をせずに，数の大小関係がわかることがあります。

$98 \times \underline{3.5} \quad > \quad 98 \times \underline{0.9}$

1より大きい　　1より小さい

4. いろいろな小数のかけ算

図形の辺の長さが小数のときでも，面積や体積の公式を使うことができます。

公式にあてはめて求めた答えが正しいことを確《たし》かめましょう。

たて2.4m，横1.8mの長方形の面積は何m^2ですか。

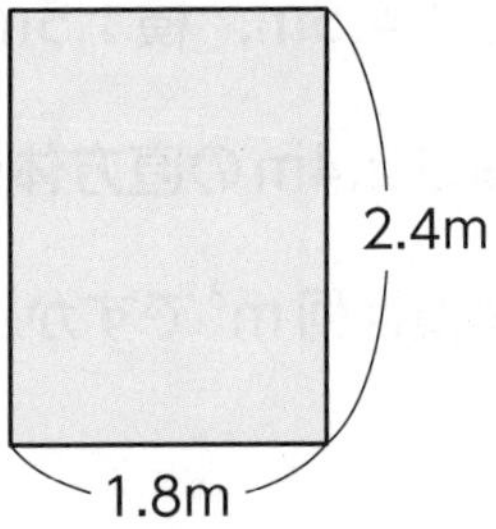

長方形の面積を求める公式は　たて×横　なので，これにあてはめて，

$2.4 \times 1.8 = 4.32\ (m^2)$

長方形の辺の長さの単位をcmにすると，

たて…2.4m ＝ 240cm

横　…1.8m ＝ 180cm

よって，面積は，

240 × 180 ＝ 43200 (cm^2)

10000cm^2 ＝ 1m^2なので，

43200cm^2 ＝ 4.32m^2

面積の公式を使って求めた答えと同じになりました。

たて4.5m，横1.5m，

高さ2.4mの直方体の

体積は何m^3ですか。

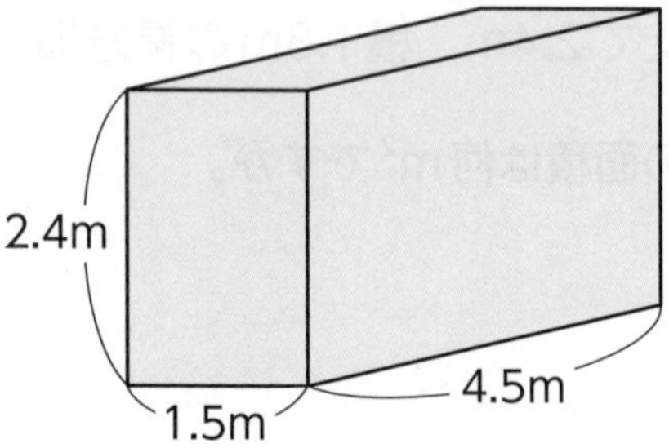

直方体の体積を求める公式は　たて×横×高さ　なので，これにあてはめて，

4.5 × 1.5 × 2.4 ＝ 16.2 (m^3)

直方体の辺の長さの単位をcmにすると,

たて…4.5m = 450cm

横　…1.5m = 150cm

高さ…2.4m = 240cm

よって，体積は,

$450 \times 150 \times 240 = 16200000$ (cm^3)

$1000000cm^3 = 1m^3$ なので,

$16200000cm^3 = 16.2m^3$

体積の公式を使って求めた答えと同じになりました。

5. 計算のきまり

整数のとき，次のような計算のきまりがありました。

㋐　□ × ○ = ○ × □

㋑　(□ × ○) × △ = □ × (○ × △)

㋒　(□ + ○) × △ = □ × △ + ○ × △

㋓　(□ − ○) × △ = □ × △ − ○ × △

この関係は，小数の計算のときにも成り立ちます。

□に3.6，○に2.4，△に1.5をあてはめて，このことを確《たし》かめましょう。

㋐　□×○＝○×□

□×○＝3.6 × 2.4 ＝ 8.64

○×□＝2.4 × 3.6 ＝ 8.64

式の左側と右側が同じになりました。

㋑　(□×○) ×△＝□× (○×△)

(□×○) ×△＝(3.6 × 2.4) × 1.5 ＝ 12.96

□× (○×△) ＝ 3.6 × (2.4 × 1.5) ＝ 12.96

式の左側と右側が同じになりました。

㋒　(□＋○) ×△＝□×△＋○×△

(□＋○) ×△＝(3.6 ＋ 2.4) × 1.5 ＝ 9

□×△＋○×△＝ 3.6 × 1.5 ＋ 2.4 × 1.5 ＝ 9

式の左側と右側が同じになりました。

㋒が成り立つことは，次のように説明できます。

右の(あ)の長方形の面積と(い)の長方形の面積の合計は，

たて $(3.6+2.4=)\ 6$cm，横1.5cmの長方形と考えると，

$$(3.6+2.4)\times1.5=9\ (\mathrm{cm}^2)$$

(あ)の長方形の面積と(い)の長方形の面積をそれぞれ求めてたすと，

$$3.6\times1.5+2.4\times1.5=9\ (\mathrm{cm}^2)$$

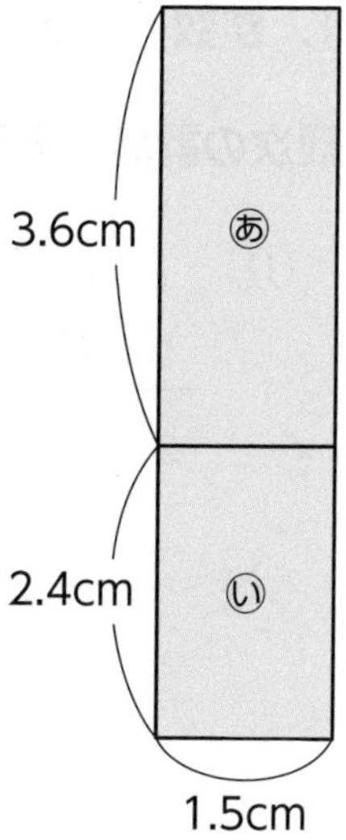

このように，どちらの求め方でも，答えは同じになります。

㋓　$(\square-\bigcirc)\times\triangle=\square\times\triangle-\bigcirc\times\triangle$

$$(\square-\bigcirc)\times\triangle=(3.6-2.4)\times1.5=1.8$$

$$\square\times\triangle-\bigcirc\times\triangle=3.6\times1.5-2.4\times1.5=1.8$$

式の左側と右側が同じになりました。

確《かく》認《にん》問題

解答《かいとう》 68ページ

1. 整数×小数

1 次の計算を筆算でしましょう。

①

```
   1 4
× 0.3
```

②

```
   3 8
× 0.9
```

③

```
   4 5
× 2.7
```

④

```
   7 4
× 2.9
```

2 次の計算をしましょう。

①2×0.2　　②6×0.7

③11×1.6　　④17×2.7

〔①　　②　　〕

〔③　　④　　〕

3 1gあたり5円で売られているチョコレートがあります。このチョコレートを80.4g購入《こうにゅう》したとき，いくらになるでしょうか。

〔　　〕円

2. 小数×小数①

1 次の計算を筆算でしましょう。

①
$$\begin{array}{r} 1.4 \\ \times\ 0.9 \\ \hline \end{array}$$

②
$$\begin{array}{r} 7.3 \\ \times\ 0.6 \\ \hline \end{array}$$

③
$$\begin{array}{r} 2.5 \\ \times\ 0.8 \\ \hline \end{array}$$

④
$$\begin{array}{r} 0.4 \\ \times\ 6.7 \\ \hline \end{array}$$

2 次の計算をしましょう。

①1.5 × 0.4　　②3.2 × 0.6

③2.9 × 2.7　　④4.3 × 0.5

⑤8.9 × 0.2　　⑥24.8 × 1.3

〔①　　②　　〕

〔③　　④　　〕

〔⑤　　⑥　　〕

3. 小数×小数②

■1 次の計算を筆算でしましょう。

①
$$\begin{array}{r} 4.3 \\ \times\ 0.05 \\ \hline \end{array}$$

②
$$\begin{array}{r} 3.1 \\ \times\ 0.06 \\ \hline \end{array}$$

③
$$\begin{array}{r} 1.9 \\ \times\ 1.07 \\ \hline \end{array}$$

④
$$\begin{array}{r} 1.6 \\ \times\ 0.15 \\ \hline \end{array}$$

⑤
$$\begin{array}{r} 2.5 \\ \times\ 0.19 \\ \hline \end{array}$$

⑥
$$\begin{array}{r} 3.2 \\ \times\ 3.24 \\ \hline \end{array}$$

2 次の計算をしましょう。

①0.03 × 0.16　　　　②0.42 × 1.27

③0.33 × 2.46

〔①　　　　　　②　　　　　　〕

〔③　　　　　　　　　　　　　〕

3 鉄の重さは1m^{3}あたり7.85gです。鉄が4.6m^{3}あるとき，何gになるでしょうか。

〔　　　　　　〕g

4 今，銀のねだんは1gあたり87.5円です。銀が0.22gあるとき，何円になるでしょうか。

〔　　　　　　〕円

4. 積の大きさ

1 ㋐と㋑を計算した結果は，どちらのほうが大きいですか。

① ㋐2×1.2　　㋑2×0.7

② ㋐12×1.28　　㋑12×1

③ ㋐7×1.05　　㋑7×0.51

④ ㋐10×0.99　　㋑10×1.1

〔①　　　　　②　　　　　〕

〔③　　　　　④　　　　　〕

2 **次のかけ算の式の結果が100よりも大きくなるものをすべて選びましょう。**

㋐ 100 × 1.01　　　㋑ 100 × 0.67

㋒ 100 × 1　　　㋓ 100 × 0.53

㋔ 100 × 2.2　　　㋕ 100 × 0.9

〔　　　　　　　　　　〕

5. いろいろな小数のかけ算

1 以下の図形の面積を求めましょう。

①

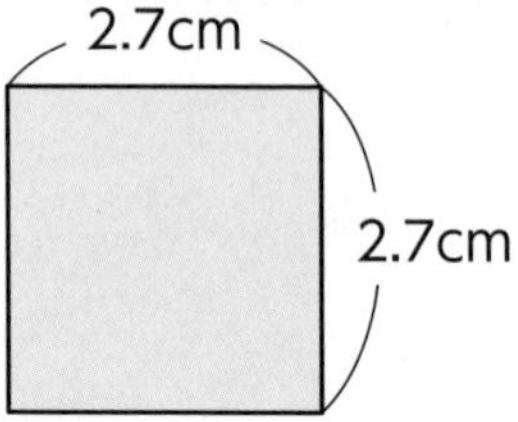

〔　　　　　　　　〕

②

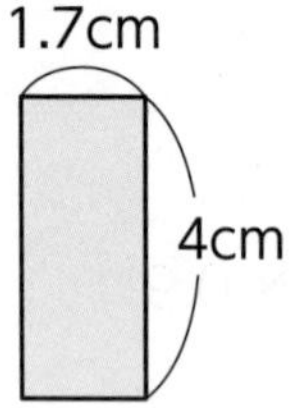

〔　　　　　　　　〕

③

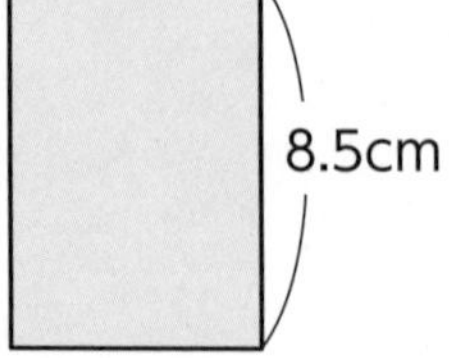

〔　　　　　　　　〕

④

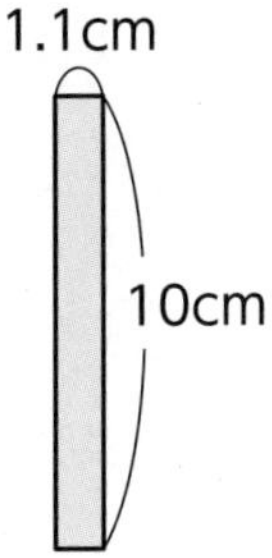

〔　　　　　　　　〕

⑤

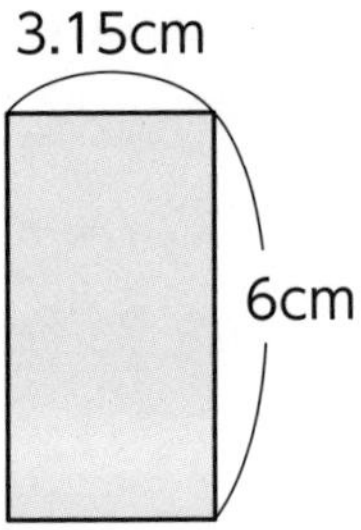

〔　　　　　　　　〕

⑥

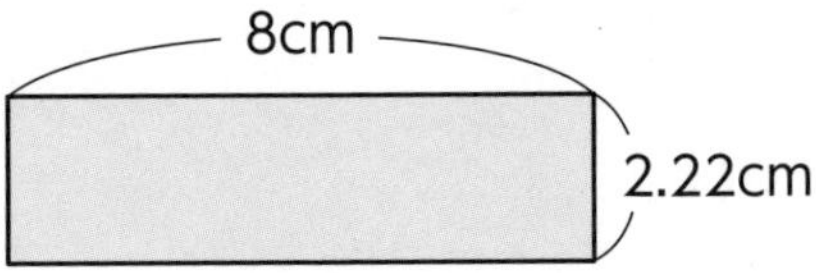

〔　　　　　　　　〕

2 以下の図形の体積を求めましょう。

①

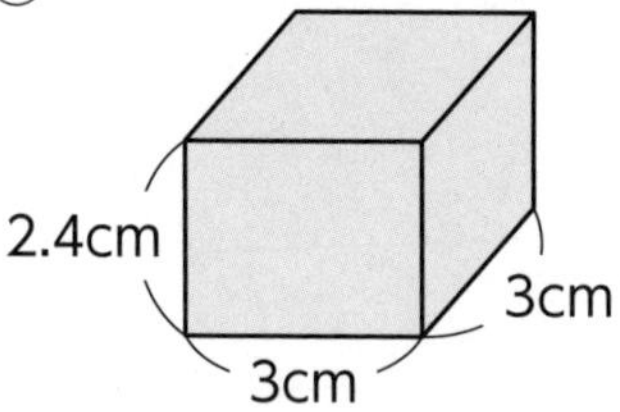

〔　　　　　　　　　　　　〕

②

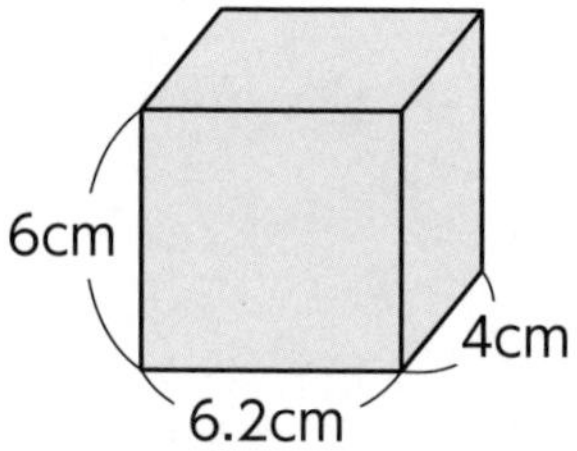

〔　　　　　　　　　　　　〕

③

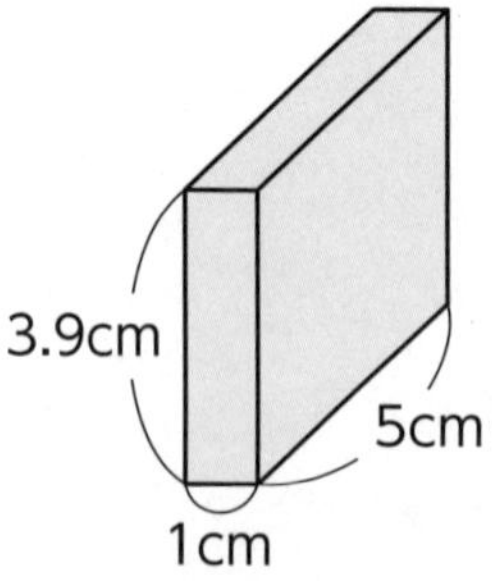

〔　　　　　　　　　　　　〕

④

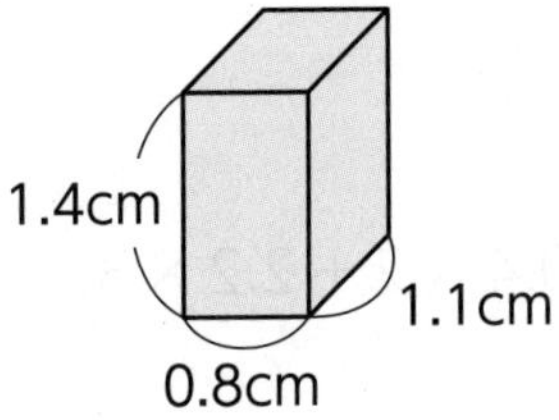

〔　　　　　　〕

⑤

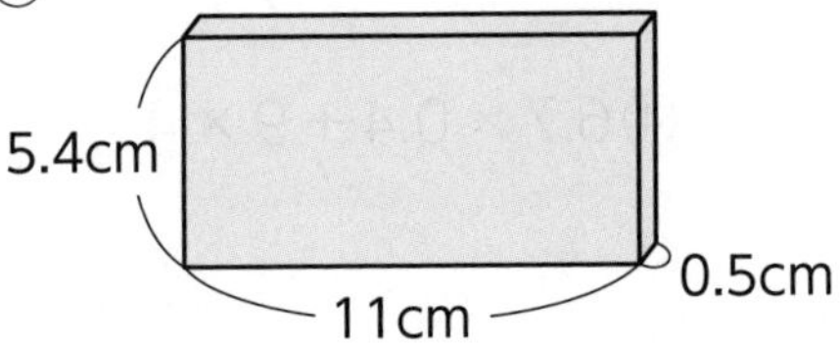

〔　　　　　　〕

⑥

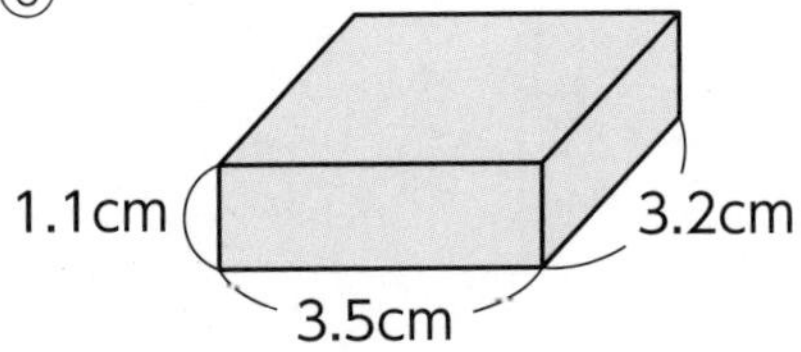

〔　　　　　　〕

6. 計算のきまり

1 次の計算をしましょう。

①$0.2 \times 4.8 + 4 \times 2.1$　　②$0.4 \times 2 + 2.2 \times 3$

③$1.1 \times 8 + 2.3 \times 4$　　④$6.7 \times 0.4 + 9 \times 4$

⑤$1.7 \times 22 - 9.1 \times 3$　　⑥$5 \times 2.1 - 7 \times 1.3$

〔①　　　　②　　　　〕
〔③　　　　④　　　　〕
〔⑤　　　　⑥　　　　〕

2 計算のきまりを使って，工夫《くふう》して解《と》きましょう。

① $(0.2+0.5)\times 3.8$

② $(5-4.95)\times 0.85$

③ $0.32\times 3+0.32\times 2$

④ $1.22\times 8+1.22\times 12$

⑤ $0.37\times 4+0.37\times 6-(0.31\times 12.2-0.31\times 2.2)$

⑥ $0.14\times 11+0.14\times 29-(0.29\times 7+0.29\times 3)$

〔① 　　　　② 　　　　〕

〔③ 　　　　④ 　　　　〕

〔⑤ 　　　　⑥ 　　　　〕

3 以下の問いに答えましょう。

①今，銀のねだんは1gあたり85円です。たかしさんは銀を90.5g持っていて，あかねさんは銀を8.5g持っています。たかしさんとあかねさん，2人の銀をあわせて何円となるでしょうか。

〔　　　　　　　　〕円

②今，金《きん》のねだんは1gあたり8500円です。たかしさんは金《きん》を0.75g持っていて，あかねさんは金《きん》を0.12g持っています。たかしさんとあかねさん，2人の金《きん》をあわせて何円となるでしょうか。

〔　　　　　　　　〕円

4 以下の図形の面積を求めましょう。ただし計算のきまりをうまく使えるときは，工夫《くふう》して解《と》きましょう。

①

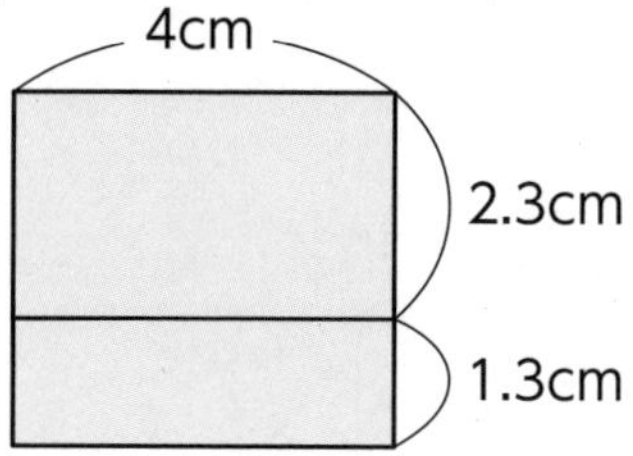

〔　　　　　　　　〕

②

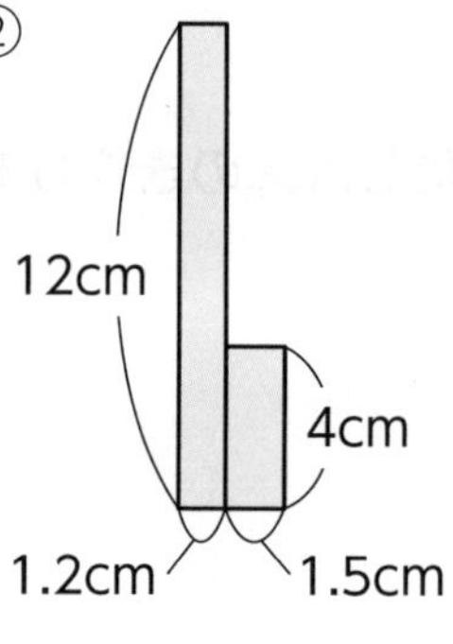

〔　　　　　　　　〕

③

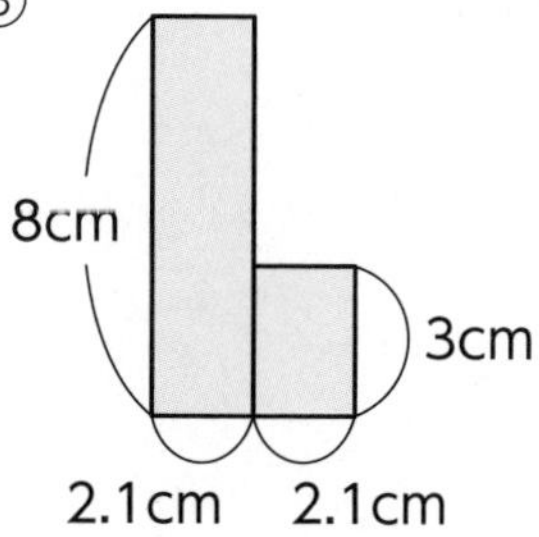

〔　　　　　　　　〕

④

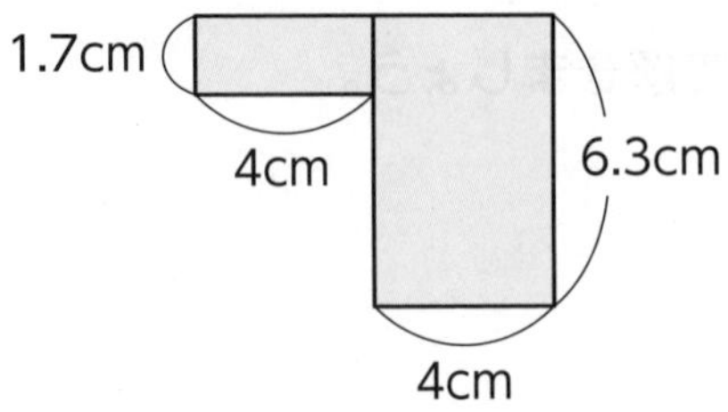

〔　　　　　　　　　　〕

■5 以下の図形の体積を求めましょう。ただし計算のきまりをうまく使えるときは，工夫《くふう》して解《と》きましょう。

①

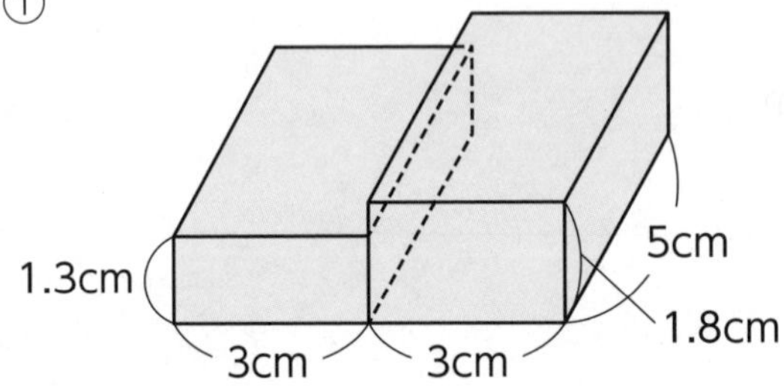

〔　　　　　　　　　　〕

②

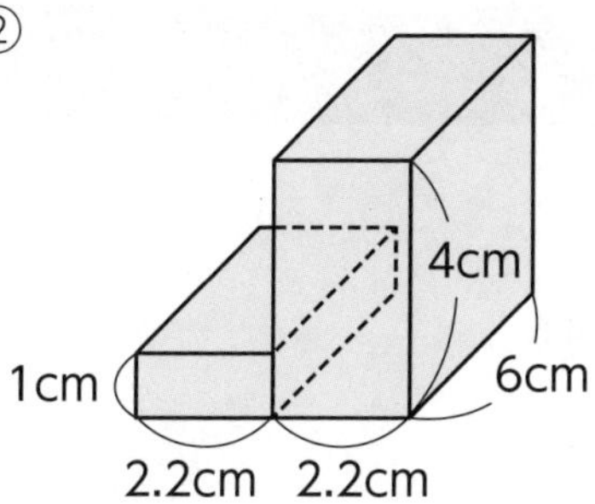

〔　　　　　　　　〕

③

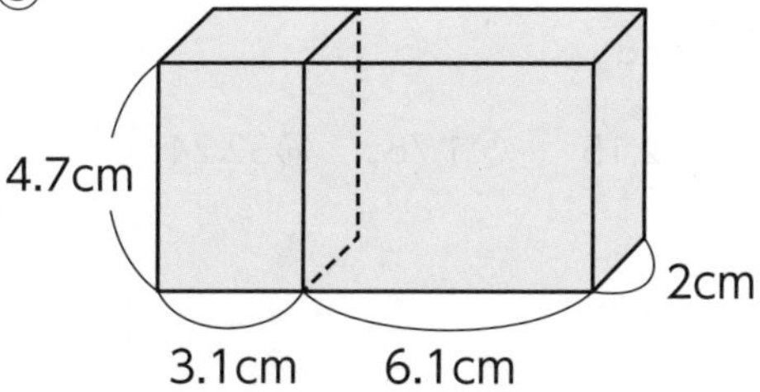

〔　　　　　　　　〕

④

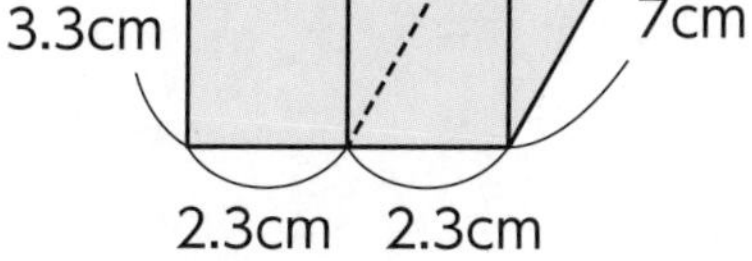

〔　　　　　　　　〕

解《かい》 答《とう》

問題 50ページ

1. 整数×小数

1 ①4.2　②34.2　③121.5　④214.6

2 ①0.4　②4.2　③17.6　④45.9

3 402 (円)

2. 小数×小数①

1 ①1.26　②4.38　③2　④2.68

2 ①0.6　②1.92　③7.83　④2.15　⑤1.78　⑥32.24

3. 小数×小数②

1 ①0.215　②0.186　③2.033　④0.24　⑤0.475　⑥10.368

2 ①0.0048　②0.5334　③0.8118

3 36.11 (g)

4 19.25 (円)

4. 積の大きさ

1 ①㋐　②㋐　③㋐　④㋑

2 ㋐，㋔

5. いろいろな小数のかけ算

1 ①7.29cm^2　②6.8cm^2　③51cm^2

④11cm^2　⑤18.9cm^2　⑥17.76cm^2

2 ①21.6cm^3　②148.8cm^3　③19.5cm^3

④1.232cm^3　⑤29.7cm^3　⑥12.32cm^3

6. 計算のきまり

1 ①9.36　②7.4　③18　④38.68　⑤10.1　⑥1.4

2 ①2.66　②0.0425　③1.6　④24.4　⑤0.6　⑥2.7

3 ①8415（円）　②7395（円）

4 ①14.4cm^2　②20.4cm^2　③23.1cm^2　④32cm^2

5 ①46.5cm^3　②66cm^3　③86.48cm^3　④106.26cm^3

第5章 小数のわり算

1. 整数÷小数

> **リボンを2.4m買ったところ，代金は180円でした。**
>
> **このリボン1mのねだんは何円ですか。**

まず，この問題の答えを求める式を考えましょう。

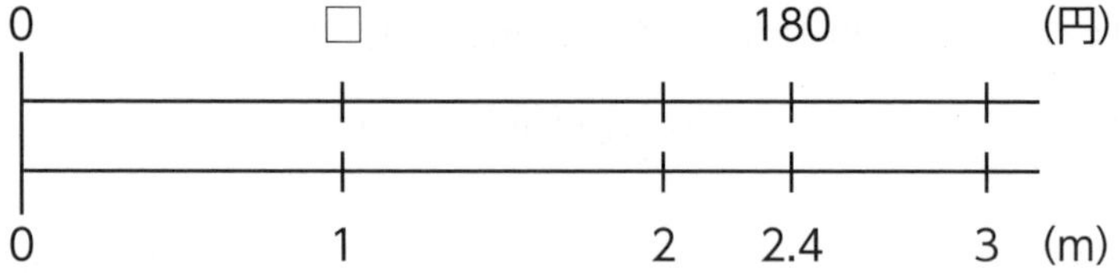

1mのねだん　→　□円

2mの代金　　→　□×2 (円)

2.4mの代金　→　□×2.4 (円)

上の図のように，1mのねだんを□円とします。リボンの長さが2.4倍になると，代金も2.4倍になるので，リボンの長さが2.4mのときの代金は，□×2.4 (円) と表すことができます。

□×2.4＝180　より，□を求める式は，180÷2.4　となります。

それでは　180÷2.4　の計算のしかたを考えましょう。

〈考え方①〉

0.1mのねだんの10倍と考えます。

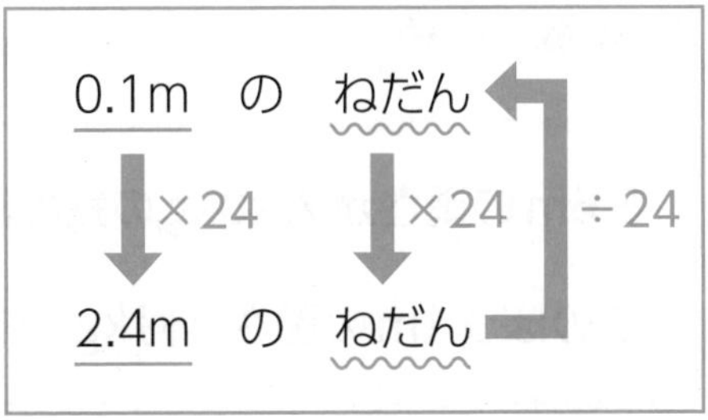

0.1mのねだんは，180÷24　だから，1mのねだんは，これを10倍して，

$$180 \div 2.4 = (180 \div 24) \times 10$$
$$= 75\ (\text{円})$$

〈考え方②〉

24mの代金をもとにして考えます。

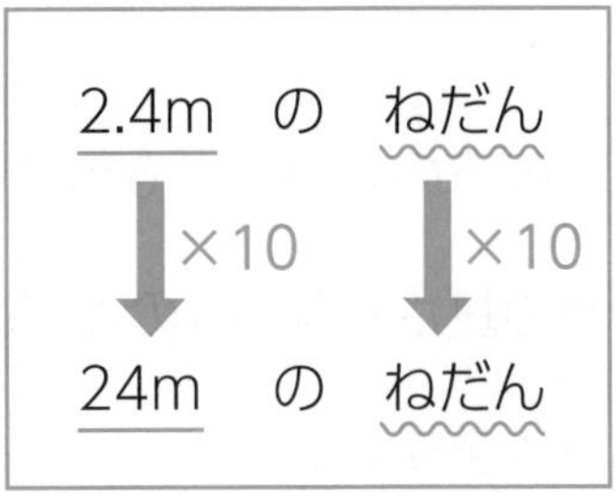

24mの代金は，180×10　だから，1mのねだんは，これを24でわって，

$$180 \div 2.4 = (180 \times 10) \div 24$$
$$= 75\ (\text{円})$$

このように，小数のわり算では，整数の計算でできるようにすると，答えを求めることができます。

2. 小数÷小数

5.6mの重さが7.28kgの鉄のぼうがあります。

このぼう1mの重さは何kgですか。

まず，この問題の答えを求める式を考えましょう。

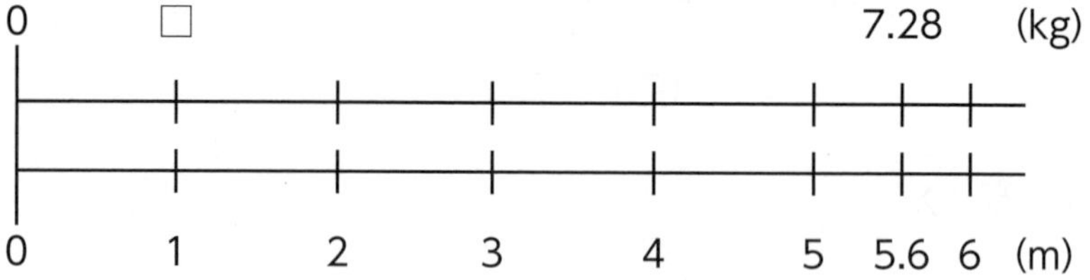

ぼうの長さが5.6倍になると，重さも5.6倍になるので，ぼうの長さが5.6mのときの重さは，□× 5.6 (kg) と表すことができます。

□× 5.6 = 7.28　より，□を求める式は，7.28 ÷ 5.6　となります。

整数÷小数　のときと同じように，整数でわる計算でできるようにすると，

$7.28 \div 5.6 = 1.3$

↓ ×10　↓ ×10　等しい

$72.8 \div 56 = 1.3$

$$7.28 \div 5.6 = (7.28 \times 10) \div (5.6 \times 10)$$
$$= 72.8 \div 56$$
$$= 1.3\ (\mathrm{kg})$$

7.28 ÷ 5.6　の筆算のしかたを考えましょう。

小数でわる筆算は，次の手順で行います。

①わる数とわられる数の小数点を同じけた数だけ右に移《うつ》し，わる数を整数にして計算する。

②右に移《うつ》したわられる数の小数点にそろえて，商の小数点を打つ。

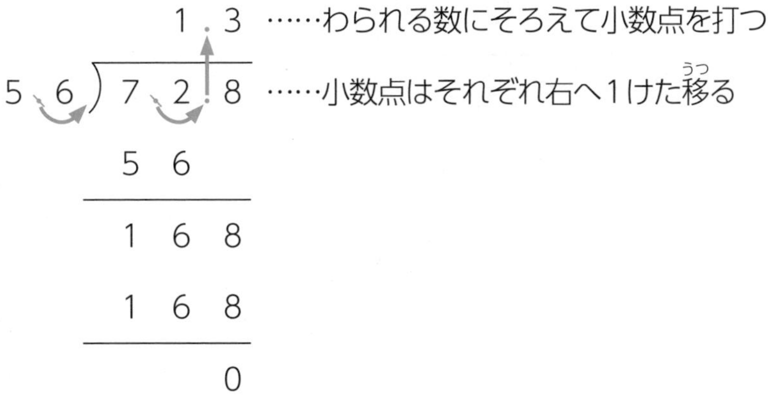

次の計算を，筆算でしましょう。

㋐　3.87 ÷ 4.3　　　　**㋑　6 ÷ 2.4**

㋐　3.87 ÷ 4.3

商の一の位に0を書きます。

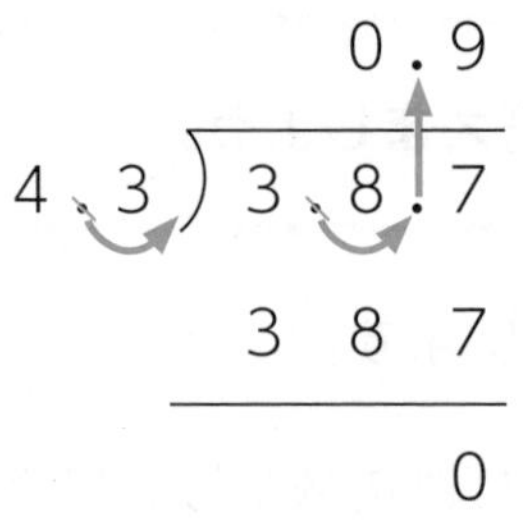

㋑　6 ÷ 2.4

小数点を移《うつ》したあとのわられる数は60.0と考えます。

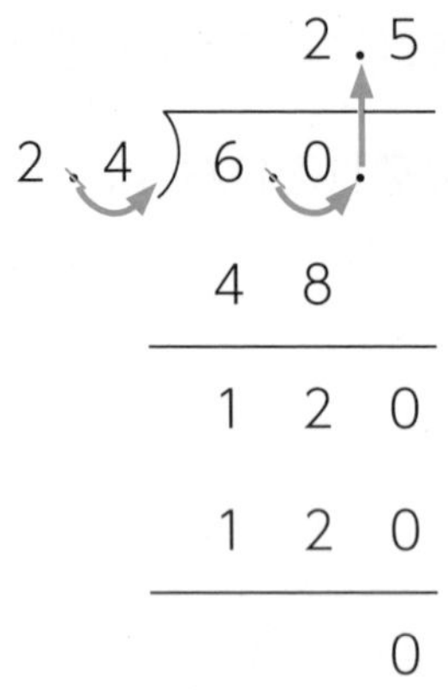

3. 商の大きさ

次の計算をして，わる数と商の大きさの関係を調べましょう。

㋐ $300 \div 3$　　㋑ $300 \div 1.5$

㋒ $300 \div 1$

㋓ $300 \div 0.8$　　㋔ $300 \div 0.2$

計算の結果は，それぞれ次のようになります。

㋐ $300 \div 3 = 100$　$(100 < 300)$

㋑ $300 \div 1.5 = 200$　$(200 < 300)$

㋒ $300 \div 1 = 300$　$(300 = 300)$

㋓ $300 \div 0.8 = 375$　$(375 > 300)$

㋔ $300 \div 0.2 = 1500$　$(1500 > 300)$

このように，わる数と商の大きさには，次のような関係があります。

わる数が1より大きいとき	…	商 $<$ わられる数
わる数が1のとき	…	商 $=$ わられる数
わる数が1より小さいとき	…	商 $>$ わられる数

4. わりきれないわり算

わり算でわりきれなかったり，商のけた数が多くなったりするときは，商をがい数で表すことがあります。

5.3 ÷ 0.9　の商を四《し》捨《しゃ》五入《ごにゅう》して，上から2けたのがい数で求めましょう。

上から2けたのがい数にするには，上から3けための数を四《し》捨《しゃ》五入《ごにゅう》すればよいので，

9

$5.3 \div 0.9 = 5.888\cdots$

したがって，5.9

小数のわり算のあまりについて考えましょう。

3.2mのひもを0.6mずつ切り取っていきます。

0.6mのひもは何本できますか。また，あまったひもは何mですか。

3.2÷0.6　を筆算ですると，右のようになります。

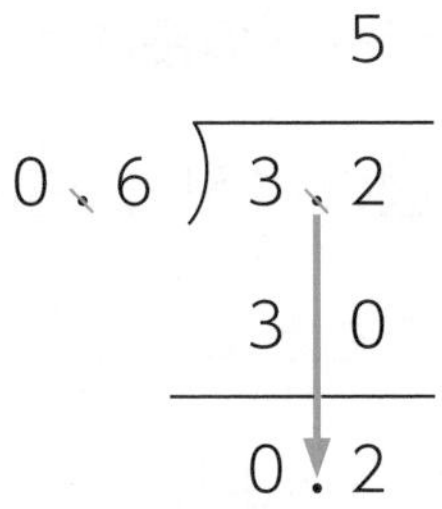

あまりの小数点は，わられる数のもとの小数点にそろえて打ちます。

したがって，0.6mのひもは5本できて，あまったひもの長さは0.2mです。

図や検算《けんざん》で，答えが正しいことを確《たし》かめましょう。

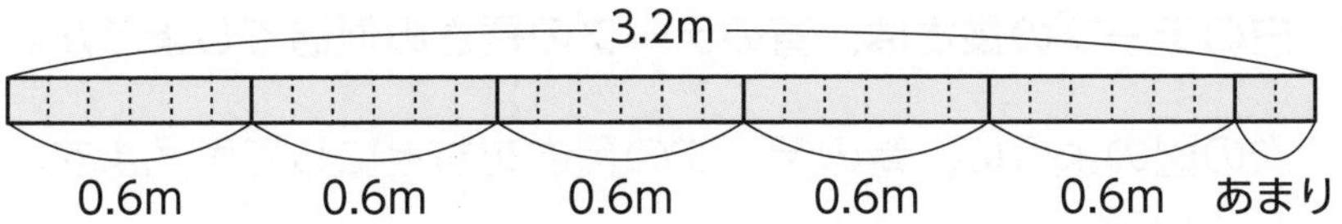

わる数 × 商 + あまり = わられる数

$$0.6 \times 5 + 0.2 = 3.2$$

5. 小数と倍

ある量を1とみたときの，大きさの表し方を考えましょう。

青のテープの長さは5m，白のテープの長さは4mです。

2本のテープの長さを比《くら》べましょう。

青のテープの長さは，白のテープの長さの何倍でしょうか。

右の図のように，白のテープの長さをもとにして考えます。

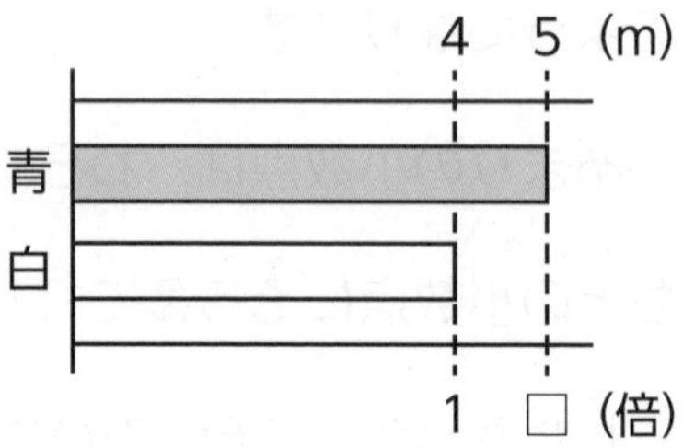

4×□＝5より，

□＝5÷4

＝1.25

したがって，青のテープの長さは，白のテープの長さの1.25倍です。

白のテープの長さは，青のテープの長さの何倍でしょうか。

次の図のように，青のテープの長さをもとにして考えます。

5×□＝4より，

□＝4÷5

＝0.8

したがって，白のテープの長さは，青のテープの長さの0.8倍です。

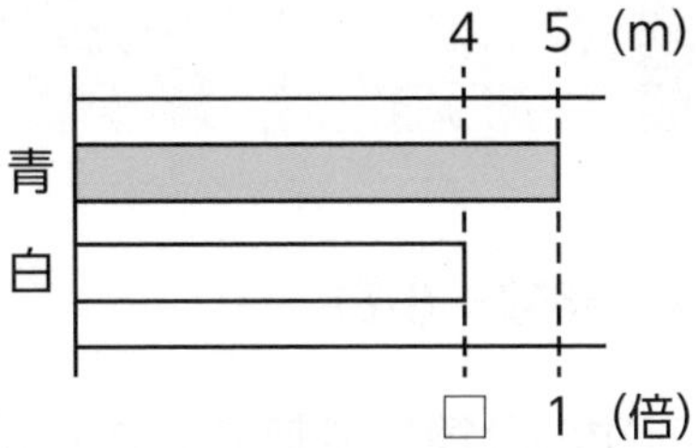

比《くら》べる量が小数のときも，何倍にあたるかを求めるときはわり算を使います。

青のテープの長さは6m，白のテープの長さは2.4mです。

白のテープの長さは，青のテープの長さの何倍ですか。

$6 \times \square = 2.4$ より，

$\square = 2.4 \div 6$

$= 0.4$

したがって，白のテープの長さは，青のテープの長さの0.4倍です。

確《かく》認《にん》問題

解答《かいとう》92ページ

1. 整数÷小数

1 次の計算を筆算でしましょう。

①1.1 $\overline{)\,77}$ ②5.1 $\overline{)\,357}$

③4.7 $\overline{)\,752}$ ④6.9 $\overline{)\,966}$

2 次の計算をしましょう。

①180 ÷ 4.5

②25 ÷ 0.5

③88 ÷ 2.2

④72 ÷ 1.2

⑤78 ÷ 2.6

⑥65 ÷ 1.3

⑦216 ÷ 7.2

⑧17 ÷ 3.4

⑨182 ÷ 1.4

〔① ② ③ 〕

〔④ ⑤ ⑥ 〕

〔⑦ ⑧ ⑨ 〕

3 次の問いに答えましょう。

①リボンを4.4m買ったところ，代金は484円でした。このリボン1mのねだんは何円ですか。

〔　　　　　　　〕円

②チョコレートを1.3kg買ったところ，代金は1612円でした。このチョコレート1kgのねだんは何円ですか。

〔　　　　　　　〕円

2. 小数÷小数

1 次の計算を筆算でしましょう。

① 1.9) 5.7

② 2.1) 6.72

③ 3.5) 2.8

④ 0.4) 0.52

2 次の計算をしましょう。

①26.8 ÷ 0.4　　②1.2 ÷ 0.8

③27.6 ÷ 2.3　　④12.3 ÷ 8.2

⑤4.24 ÷ 5.3　　⑥1.7 ÷ 6.8

〔①　　②　　③　　〕

〔④　　⑤　　⑥　　〕

3 2.9mの重さが5.51kgのぼうがあります。このぼう1mの重さは何kgですか。

〔　　〕kg

3. 商の大きさ

1 ㋐と㋑を計算した結果は，どちらのほうが大きいですか。

① ㋐30 ÷ 0.5　　㋑30 ÷ 1　　〔　　〕

② ㋐11 ÷ 0.11　　㋑11 ÷ 1.01　　〔　　〕

③ ㋐55 ÷ 1　　㋑55 ÷ 0.9　　〔　　〕

④ ㋐21 ÷ 0.7　　㋑21 ÷ 1.7　　〔　　〕

2 次のわり算の式の結果が156よりも大きくなるものをすべて選びましょう。

㋐156 ÷ 0.2　　㋑156 ÷ 7.8　　㋒156 ÷ 1.21

㋓156 ÷ 1　　㋔156 ÷ 1.3　　㋕156 ÷ 0.85

〔　　〕

4. わりきれないわり算①

1 次のわり算を計算し，上から2けたのがい数で求めましょう。

①4.3 ÷ 5.6　　②5.8 ÷ 4.1　　③6.3 ÷ 5.8

④3.3 ÷ 6.7　　⑤5.4 ÷ 2.3　　⑥23.4 ÷ 3.5

⑦11 ÷ 4.1　　⑧8 ÷ 1.7

〔①　　　　②　　　　〕

〔③　　　　④　　　　〕

〔⑤　　　　⑥　　　　〕

〔⑦　　　　⑧　　　　〕

2 9.9mの重さが7kgのぼうがあります。このぼう1mの重さは何kgですか。上から2けたのがい数で求めましょう。

〔　　　　〕kg

5. わりきれないわり算②

1 商を整数で求め，あまりも出しましょう。

①21 ÷ 3.6　　②44 ÷ 2.9　　③56 ÷ 7.6

④17 ÷ 0.4　　⑤20 ÷ 4.8　　⑥88 ÷ 9.1

⑦50 ÷ 8.2　　⑧45 ÷ 5.3

〔①　　　　　②　　　　　〕
〔③　　　　　④　　　　　〕
〔⑤　　　　　⑥　　　　　〕
〔⑦　　　　　⑧　　　　　〕

2 40.5mのひもを1.6mずつ切り取っていきます。1.6mのひもは何本できますか。また，あまったひもは何mですか。

〔　　　　　　　　　　〕

6. 小数と倍①

1 赤のテープの長さは7cm，白のテープの長さは1.4cmです。

①赤のテープの長さは，白のテープの長さの何倍ですか。

〔　　　　　　　　〕

②白のテープの長さは，赤のテープの長さの何倍ですか。

〔　　　　　　　　〕

2 黄のテープの長さは6.9cm，青のテープの長さは3cmです。

①黄のテープの長さは，青のテープの長さの何倍ですか。

〔　　　　　　　　〕

②青のテープの長さは，黄のテープの長さの何倍ですか。上から2けたのがい数で求めましょう。

〔　　　　　　　　〕

3 たかしさんの体重は32.1kg，まさおさんの体重は38kgです。

①たかしさんの体重は，まさおさんの体重の何倍ですか。上から2けたのがい数で求めましょう。

〔　　　　　　　　〕

②まさおさんの体重は，たかしさんの体重の何倍ですか。上から2けたのがい数で求めましょう。

〔　　　　　　　　〕

7. 小数と倍②

1 あかねさんの50m走のタイムは11秒，ななみさんの50m走のタイムは9.2秒です。

①あかねさんのタイムは，ななみさんのタイムの何倍ですか。
上から2けたのがい数で求めましょう。

〔　　　　　　　〕

②ななみさんのタイムは，あかねさんのタイムの何倍ですか。
上から2けたのがい数で求めましょう。

〔　　　　　　　〕

2 学校の運動場は1周230m，中庭は1周88.5mです。

①運動場の1周の長さは，中庭の1周の長さの何倍ですか。
上から2けたのがい数で求めましょう。

〔　　　　　　　〕

②中庭の１周の長さは，運動場の１周の長さの何倍ですか。
上から２けたのがい数で求めましょう。

〔　　　　　　　〕

3 あきらさん，つとむさん，こうたさんの３人の体重は右の表のとおりです。

あきら	つとむ	こうた
35.0	37.2	30.0

(単位：kg)

①あきらさんの体重は，つとむさんの体重の何倍ですか。上から２けたのがい数で求めましょう。

〔　　　　　　　〕

②つとむさんの体重は，こうたさんの体重の何倍ですか。
上から２けたのがい数で求めましょう。

〔　　　　　　　〕

解《かい》答《とう》

問題 80ページ

1. 整数÷小数

1 ①70　②70　③160　④140

2 ①40　②50　③40　④60　⑤30

⑥50　⑦30　⑧5　⑨130

3 ①110 (円)　②1240 (円)

2. 小数÷小数

1 ①3　②3.2　③0.8　④1.3

2 ①67　②1.5　③12　④1.5　⑤0.8　⑥0.25

3 1.9 (kg)

3. 商の大きさ

1 ①㋐　②㋐　③㋑　④㋐

2 ㋐, ㋕

4. わりきれないわり算①

1 ①0.77　②1.4　③1.1　④0.49

⑤2.3　⑥6.7　⑦2.7　⑧4.7

2 0.71 (kg)

5. わりきれないわり算②

1 ①5あまり3　②15あまり0.5　③7あまり2.8　④42あまり0.2

⑤4あまり0.8　⑥9あまり6.1　⑦6あまり0.8　⑧8あまり2.6

2 25本できて0.5mあまる

6. 小数と倍①

1 ①5倍　②0.2倍

2 ①2.3倍　②0.43倍

3 ①0.84倍　②1.2倍

7. 小数と倍②

1 ①1.2倍　②0.84倍

2 ①2.6倍　②0.38倍

3 ①0.94倍　②1.2倍

第6章 合同な図形

1. 合同な図形

下の2つの図形は，形も大きさも同じです。

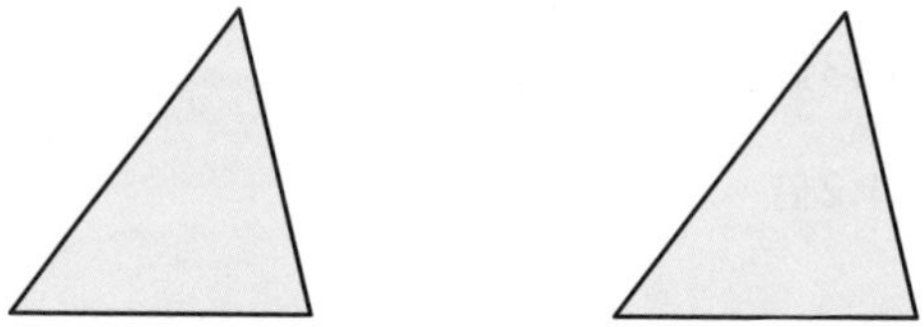

このように，ぴったり重ね合わせることのできる2つの図形は**合同である**といいます。

次のように，うら返してぴったり重なるものも，合同であるといえます。

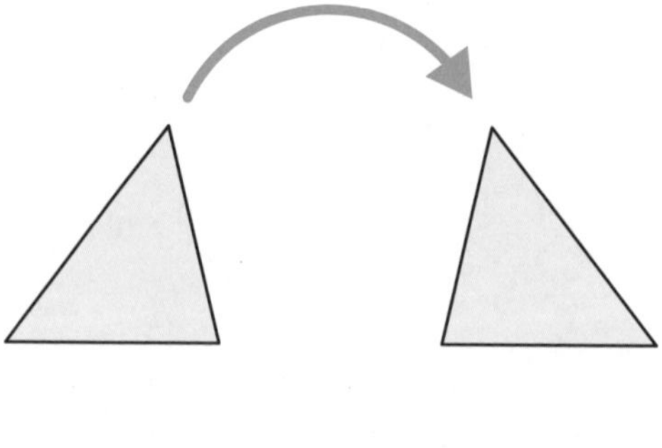

下の四角形ABCDと四角形EFGHは合同です。

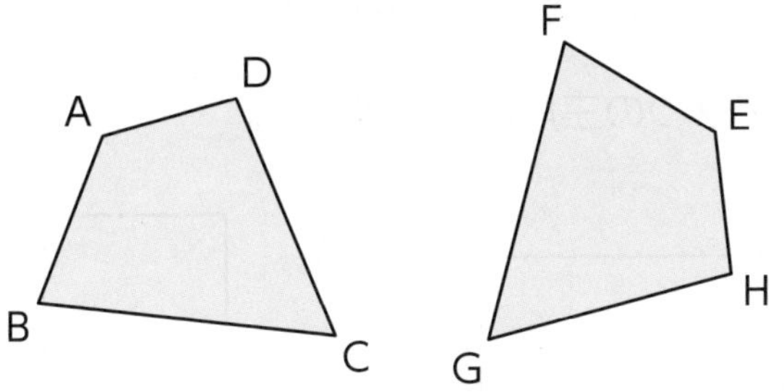

合同な図形で，重なり合う頂点《ちょうてん》，角，辺を，それぞれ**対応《たいおう》する頂点《ちょうてん》**，**対応《たいおう》する角**，**対応《たいおう》する辺**といいます。

上の四角形では，それぞれ次の頂点《ちょうてん》，角，辺が対応《たいおう》しています。

頂点《ちょうてん》	AとE	BとF	CとG	DとH
角	AとE	BとF	CとG	DとH
辺	ABとEF CDとGH	BCとFG DAとHE		

合同な図形では，対応《たいおう》する角の大きさは等しく，対応《たいおう》する辺の長さも等しくなっています。

2. 対角線で切った形

長方形，正方形，台形，平行四辺形，ひし形を，それぞれ1本の対角線で2つの三角形に分けます。

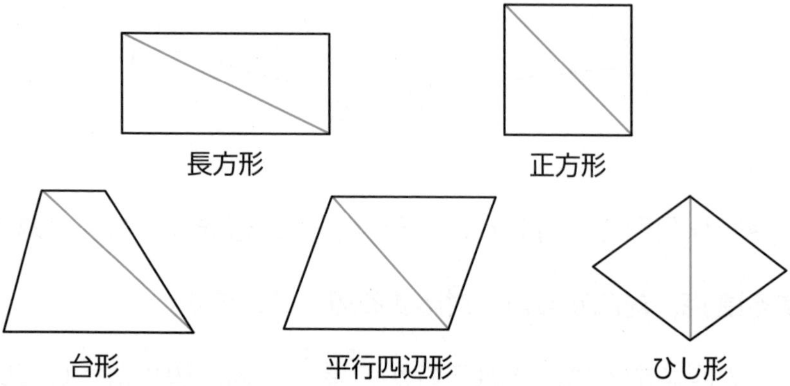

長方形，正方形，平行四辺形，ひし形は，2つの合同な三角形に分けることができます。

長方形と平行四辺形を，それぞれ2本の対角線で4つの三角形に分けます。

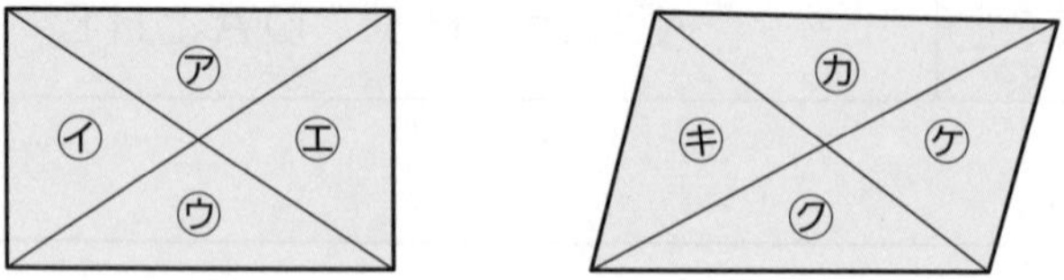

長方形では，㋐と㋒，㋑と㋓がそれぞれ合同な三角形になっています。

また，平行四辺形では，㋕と㋗，㋖と㋘がそれぞれ合同な三角形になっています。

3. 合同な図形のかき方

三角形ＡＢＣと合同な三角形ＤＥＦをかきましょう。

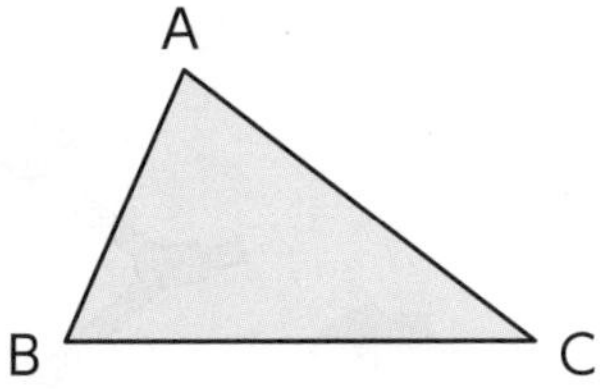

かき方①　３つの辺の長さを使う

⑴辺ＢＣの長さを辺ＥＦとする。

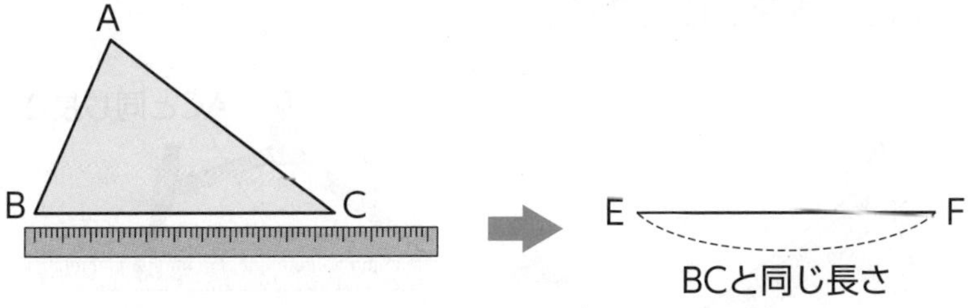

辺BCの長さを測《はか》る　　直線EFをひく

⑵コンパスを使って，辺ＡＢの長さを写し取る。

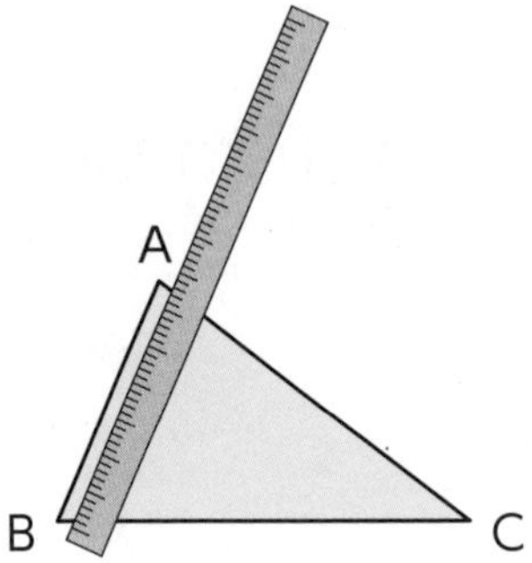

辺ABの長さを測《はか》る

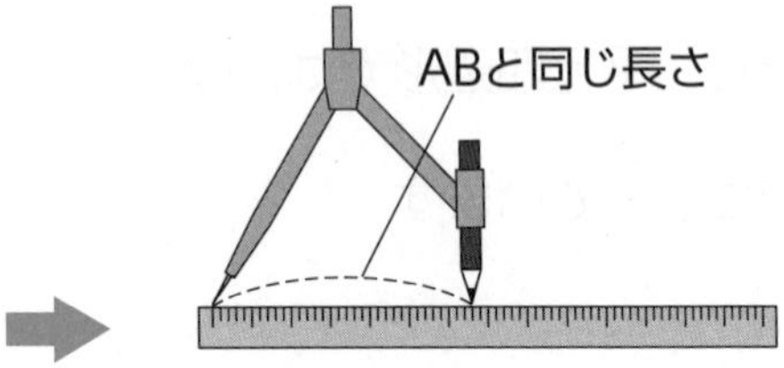

コンパスのはばを辺ABの長さにする

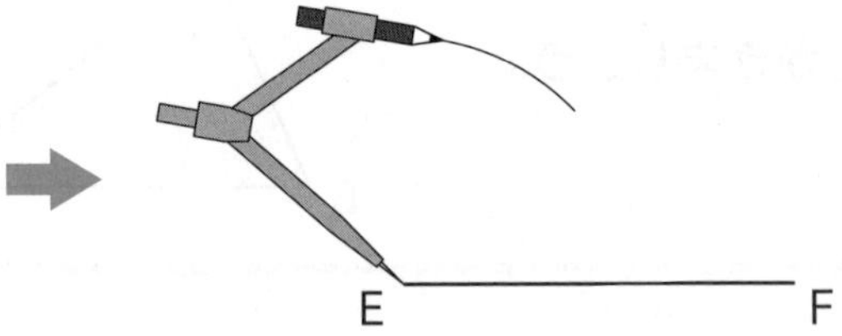

点Eを中心にして円の一部をかく

⑶コンパスを使って，辺ＡＣの長さを写し取り，⑵と交わったところを点Ｄとする。

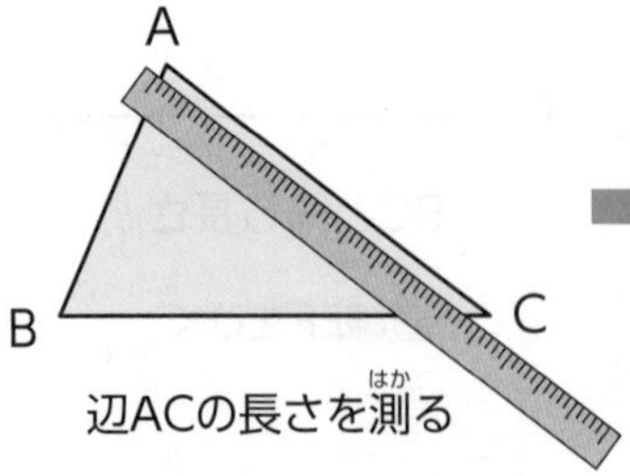

辺ACの長さを測《はか》る

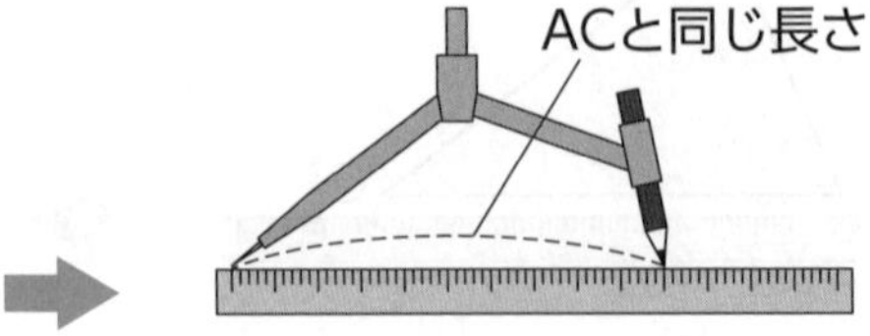

コンパスのはばを辺ACの長さにする

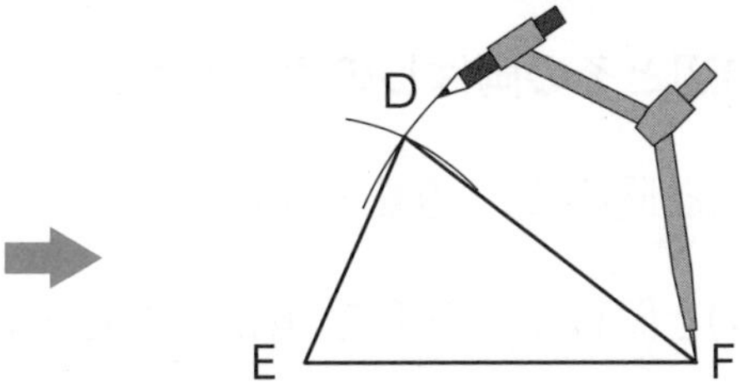

点Fを中心にして円の一部をかき，
⑵と交わったところを点Dとする

かき方②　2つの辺とその間の角を使う

⑴**かき方①**の⑴と同様に，辺ＥＦをかく。

⑵角Ｅを角Ｂと同じ大きさにする。

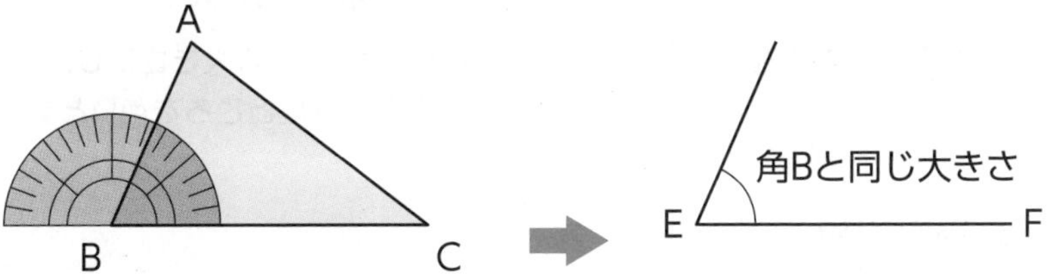

角Eを角Bと同じ大きさにする

⑶辺ＤＥの長さが辺ＡＢの長さと同じになるように，点Ｄの位置を決める。

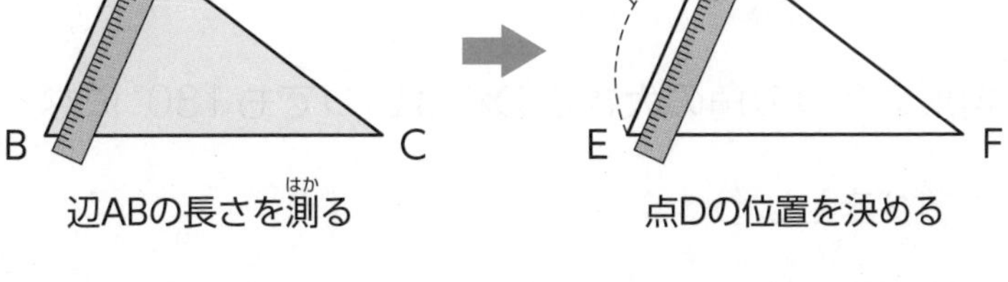

辺ABの長さを測《はか》る　　点Dの位置を決める

かき方③　1つの辺とその両はしの角を使う

⑴**かき方①**の⑴と同様に，辺ＥＦをかく。

⑵**かき方②**の⑵と同様に，角Ｅを角Ｂと同じ大きさにする。

⑶角Ｆを角Ｃと同じ大きさにし，⑵と交わったところを点Ｄとする。

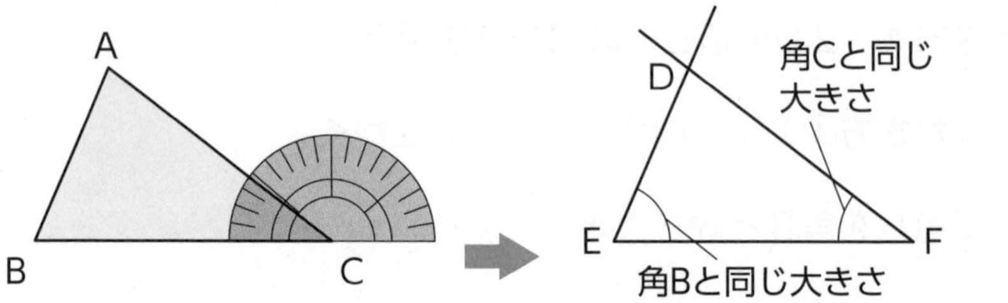

角Cの大きさを測《はか》る

角Fを角Cと同じ大きさにし，⑵と交わったところを点Dとする

4. 三角形の角

2つの三角定規《じょうぎ》は，次のように，それぞれ3つの角の大きさの和が180°になっています。

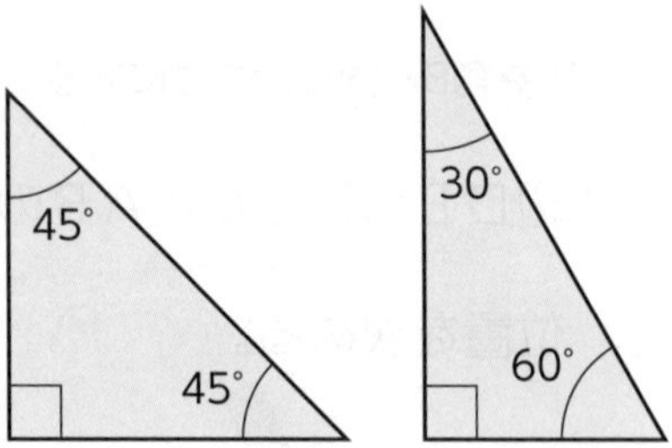

$45^\circ + 90^\circ + 45^\circ = 180^\circ$　　$30^\circ + 90^\circ + 60^\circ = 180^\circ$

三角形の3つの角の大きさの和はいつでも180°になるかどうか，調べましょう。

いろいろな三角形をかいて，右の図のようにすると，いつでも3つの角が一直線にならびます。

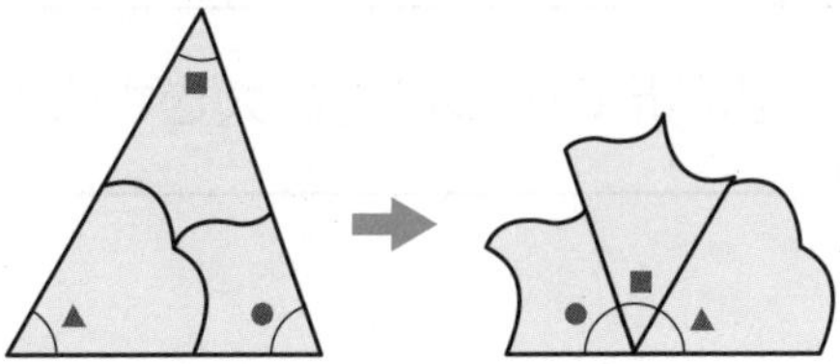

三角形の３つの角の大きさの和は **180°** です。

5. 四角形の角

長方形や正方形は，次のように，4つの角の大きさの和が360°になっています。

$$90° + 90° + 90° + 90° = 360°$$

四角形の4つの角の大きさの和はいつでも360°になるかどうか，調べましょう。

いろいろな四角形をかいて，右の図のようにすると，いつでも4つの角が一回転の角になります。

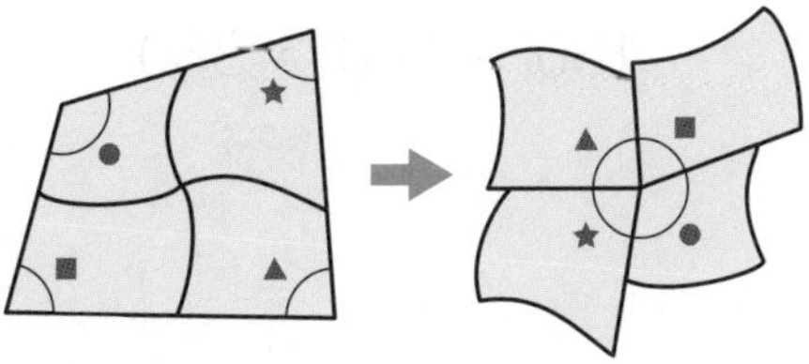

四角形の４つの角の大きさの和は**360°**です。

四角形の４つの角の大きさの和が360°になることは，三角形の３つの角の大きさの和を使って説明することができます。

次の図で，

(四角形ＡＢＣＤの４つの角の大きさの和)

＝(三角形ＡＢＤの３つの角の大きさの和)＋

(三角形ＢＣＤの３つの角の大きさの和)

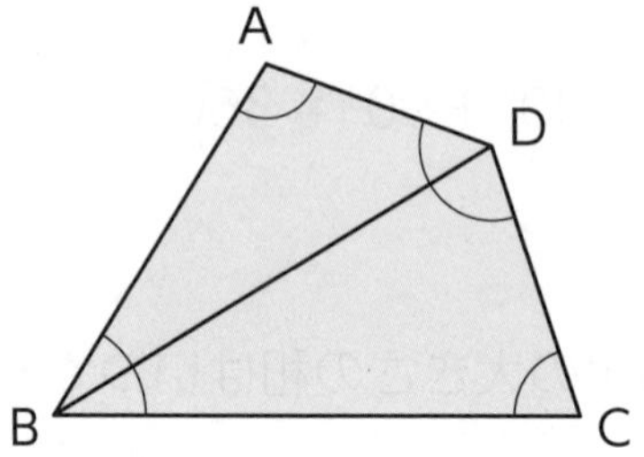

したがって，四角形ＡＢＣＤの４つの角の大きさの和は，

180°＋180°＝360°

6. 多角形の角

右のように，5本の直線で囲《かこ》まれた図形を五角形といいます。同じように，6本の直線で囲《かこ》まれた図形を六角形といいます。

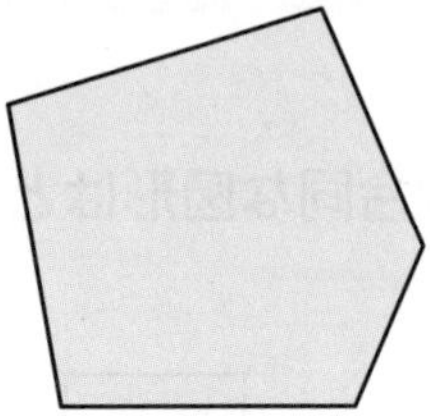

五角形

三角形，四角形，五角形，六角形などのように，直線で囲《かこ》まれた図形を**多角形**といいます。

六角形の角の大きさの和は何度ですか。

四角形のときと同じように，三角形の3つの角の大きさの和が何《なん》個《こ》分あるかで考えます。

右の図のように，六角形の6つの角の大きさの和は，三角形の3つの角の大きさの和の4個《こ》分なので，

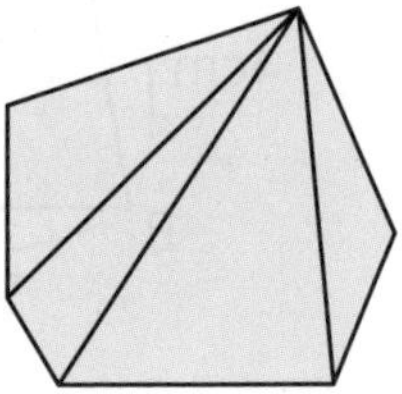

$$180^\circ \times 4 = 720^\circ$$

確《かく》認《にん》問題

解答《かいとう》 113ページ

1 合同な図形はどれとどれですか。記号で答えましょう。

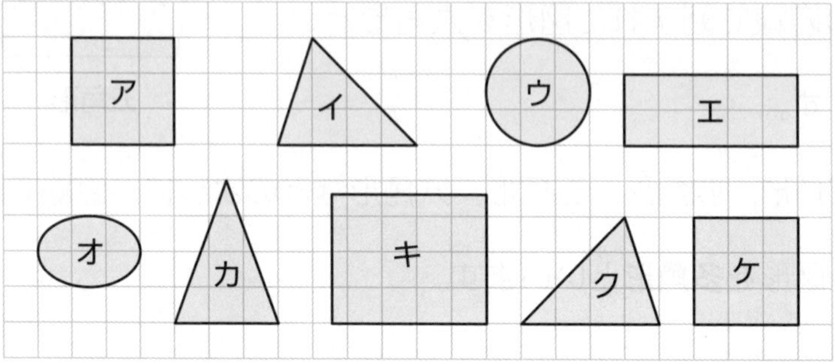

〔　　と　　，　　と　　〕

2 次の２つの四角形は合同です。

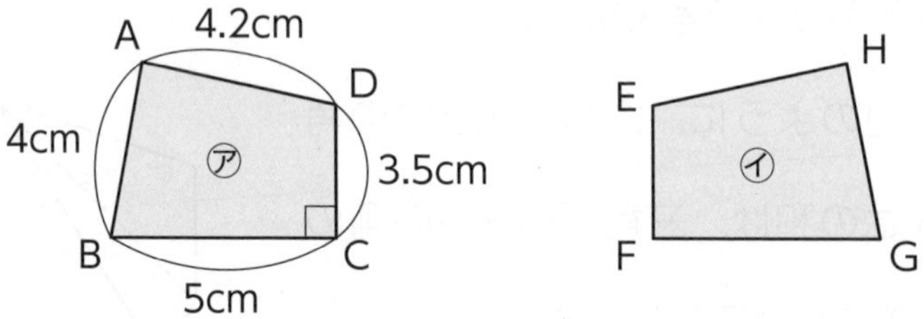

①辺ＢＣに対応《たいおう》する辺を答えましょう。　辺〔　　　　〕

②角Ａに対応《たいおう》する角を答えましょう。　角〔　　　　〕

③辺ＥＨの長さは何cmですか。　〔　　　　〕cm

3 下の四角形を，それぞれ対角線で三角形に分けます。

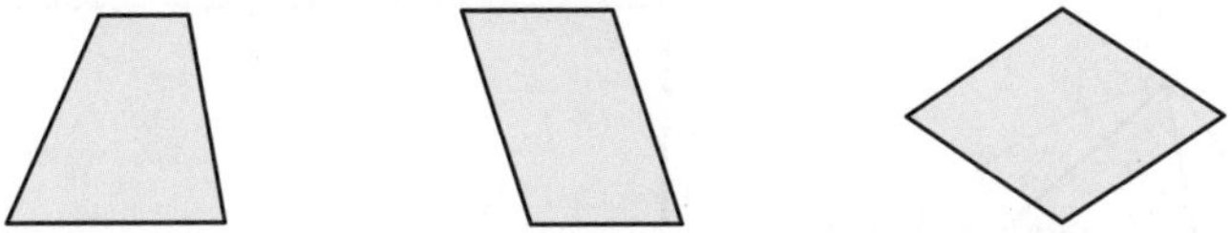

台形　　平行四辺形　　ひし形

①ある１本の対角線で分けると，合同な三角形が２つできるのはどの図形ですか。

〔　　　　　　　　〕

②２本の対角線で分けると，４つの合同な三角形ができるのはどの図形ですか。

〔　　　　　　　　〕

4 平行四辺形ＡＢＣＤの２本の対角線が交わる点をＥとします。

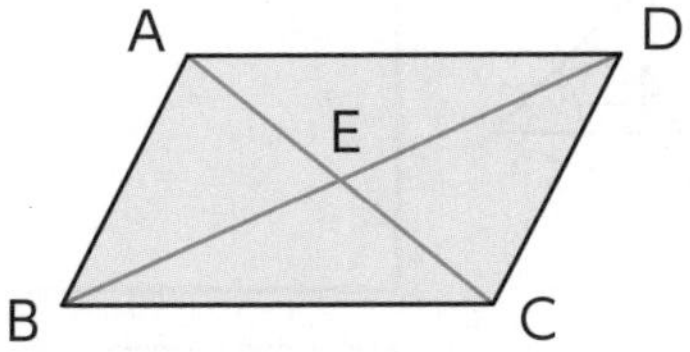

①三角形ＡＢＣと合同な三角形を答えましょう。

〔　　　　　　　　〕

②三角形ＣＤＥと合同な三角形を答えましょう。

〔　　　　　　　　〕

5 次の図のような三角形をかきましょう。

①

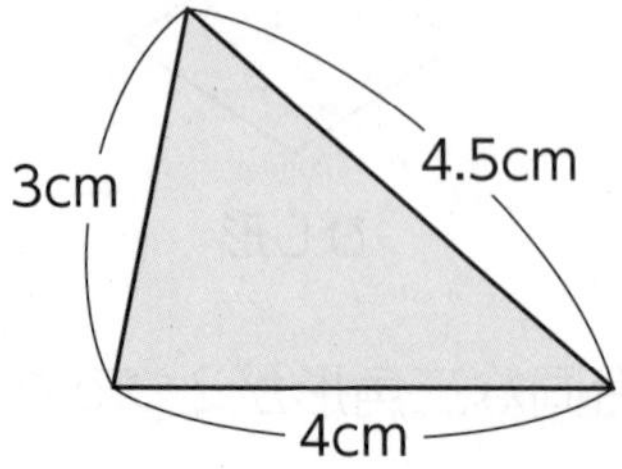

②

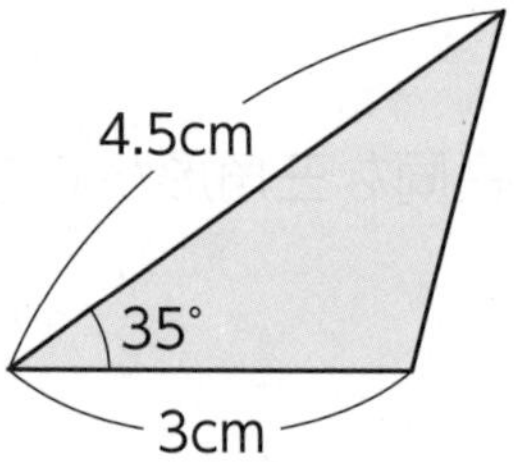

③

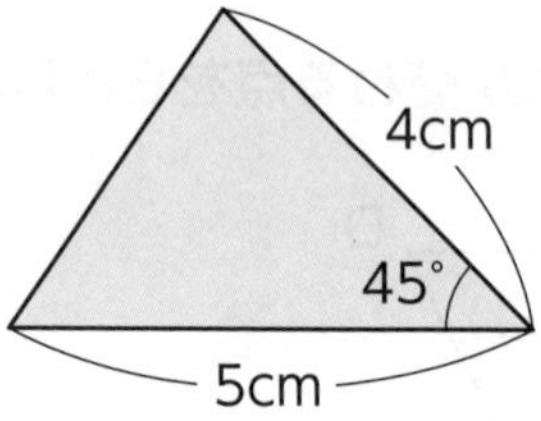

④

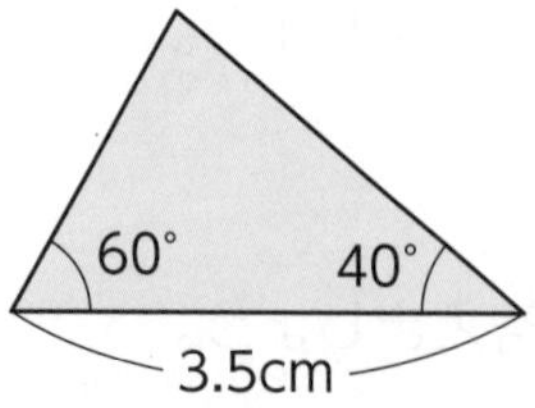

6 次のような三角形をかきましょう。

①2つの辺の長さが5cm，4cmで，その間の角の大きさが60°の三角形

②1つの辺の長さが3cmで，その両はしの角の大きさが40°と80°の三角形

③3つの辺の長さが5.5cm，2cm，6cmの三角形

7 次の図のような図形をかきましょう。

①

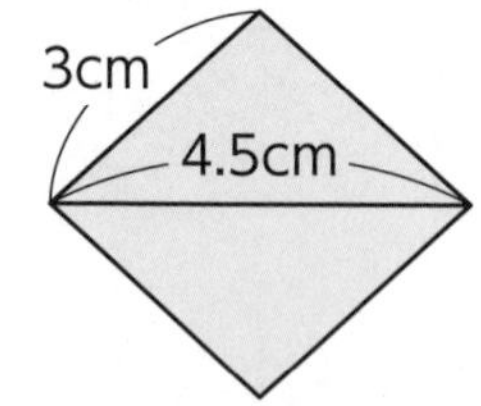

ひし形

②

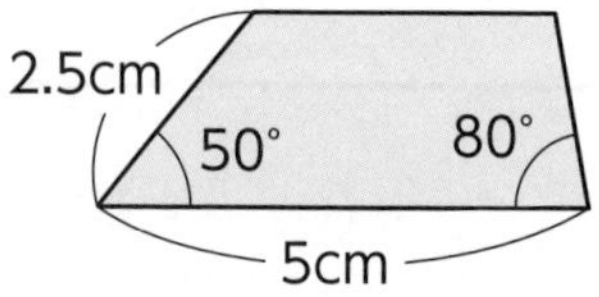

台形

③

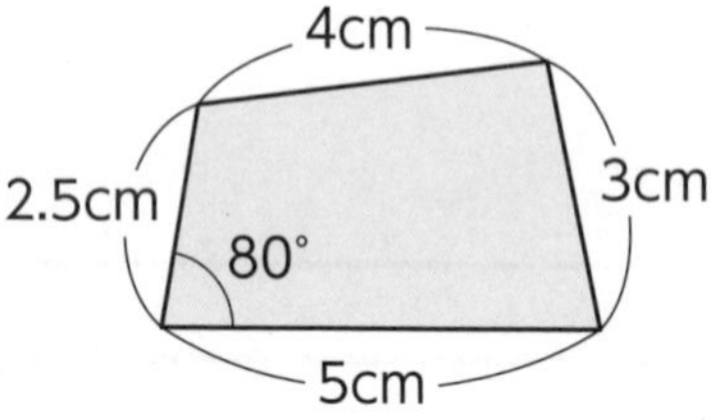

④

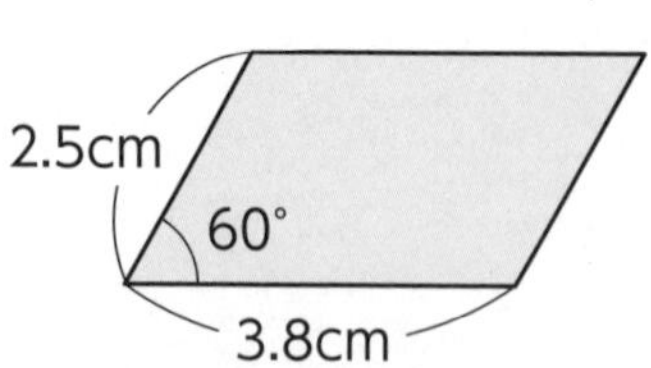

平行四辺形

8 次の三角形で，(あ)，(い)，(う)の角の大きさは，それぞれ何度ですか。

①

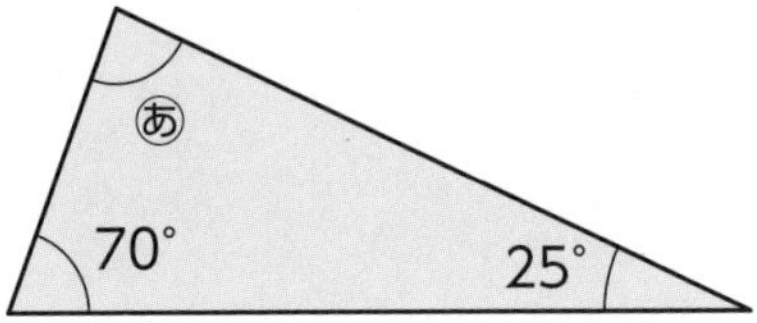

〔　　　　　　　　〕

②

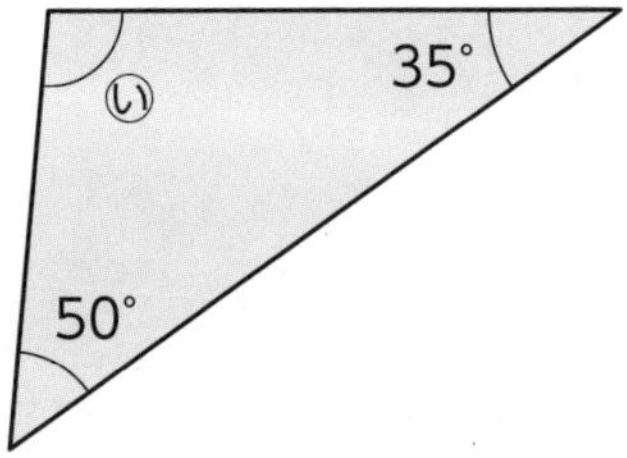

〔　　　　　　　　〕

③

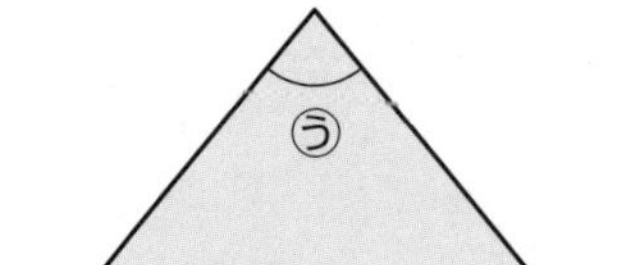

二等辺三角形

〔　　　　　　　　〕

9 次の四角形で，㋐，㋑，㋒の角の大きさは，それぞれ何度ですか。

①

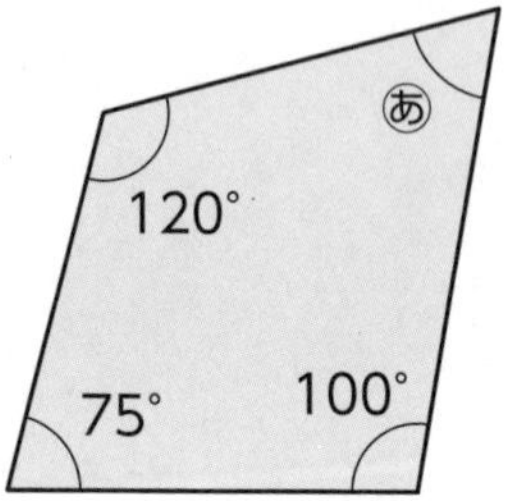

〔　　　　　　　　　　〕

②

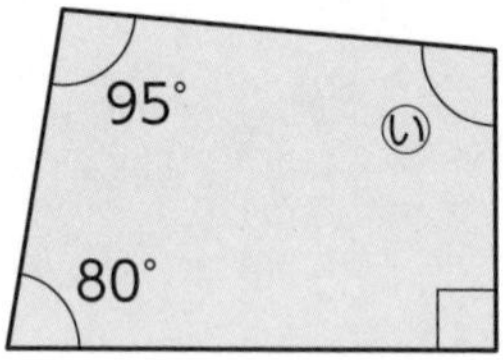

〔　　　　　　　　　　〕

③

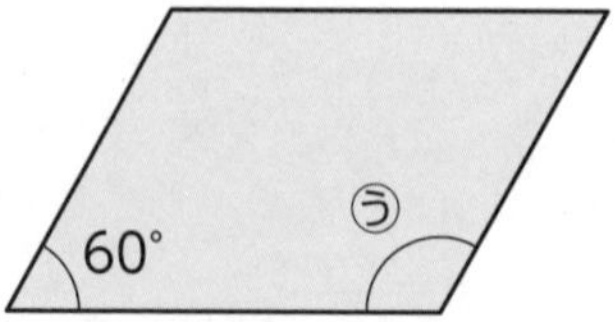

平行四辺形

〔　　　　　　　　　　〕

10 下の図を見て，次の問題に答えましょう。

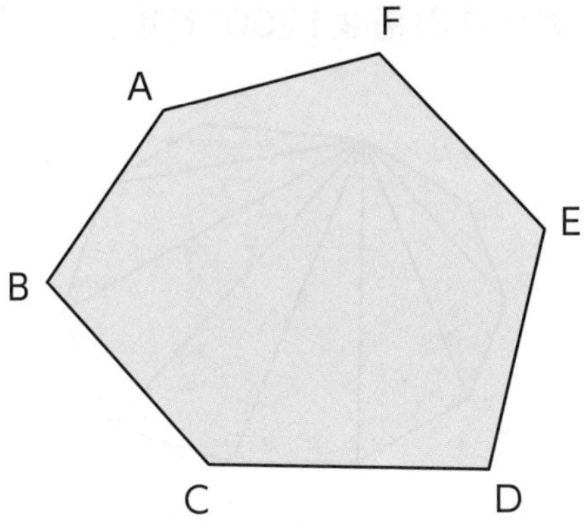

①上の多角形の名前を書きましょう。

〔　　　　　　　　　　　　　　　　〕

②頂点《ちょうてん》Aから，対角線が何本ひけますか。

〔　　　　　　　　　　　　　　　　〕

③頂点《ちょうてん》Aからひいた対角線で，いくつの三角形に分けられますか。

〔　　　　　　　　　　　　　　　　〕

④上の多角形の６つの角の大きさの和は，何度ですか。

〔　　　　　　　　　　　　　　　　〕

11 十角形の角の大きさの和を，２つの考え方で求めましょう。

九角形の角の大きさの和は1260°です。

①

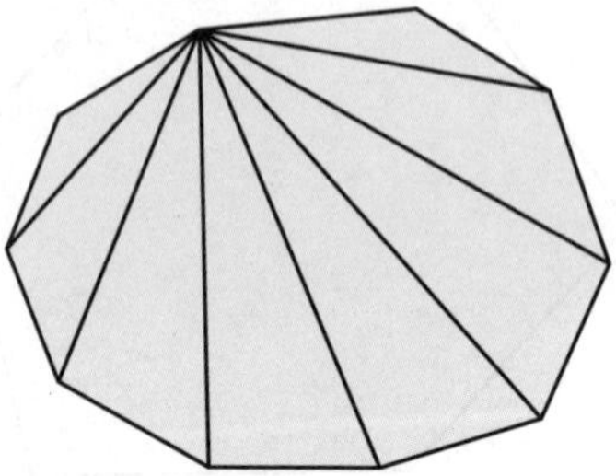

式

〔　　　　　　　　　　　　　　　　〕

②

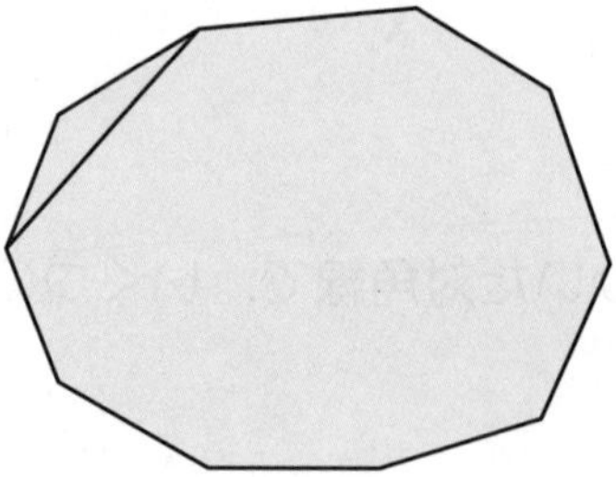

式

〔　　　　　　　　　　　　　　　　〕

解《かい》答《とう》

問題 104ページ

1 アとケ，イとク　（いずれも順不同）

2 ① (辺) GF　② (角) H　③4.2 (cm)

3 ①平行四辺形，ひし形　②ひし形

4 ①三角形CDA　②三角形ABE

解説《かいせつ》 頂点《ちょうてん》は，対応《たいおう》する順にならべて書きましょう。

5 略《りゃく》

6 ① (例)

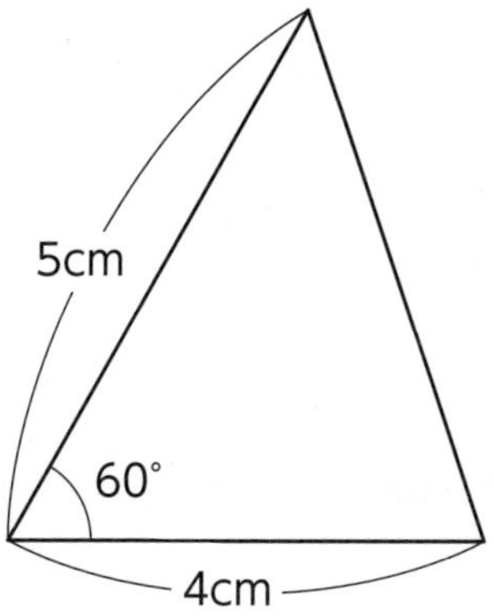

② (例)

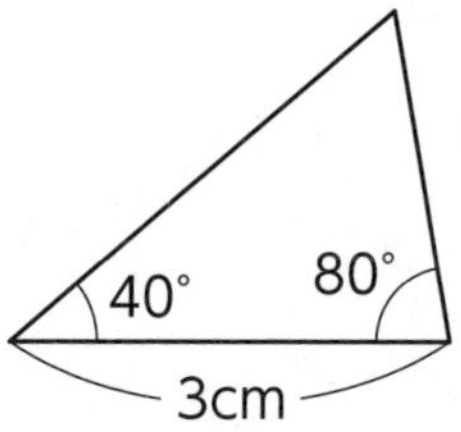

③（例）

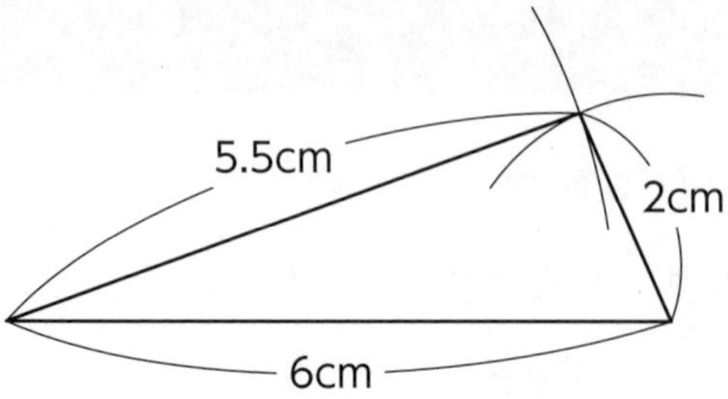

7 略《りゃく》

8 ①85°　②95°　③80°

解説《かいせつ》 ①180° − (70° + 25°) = 85°

②180° − (50° + 35°) = 95°

③二等辺三角形の2つの角の大きさは等しいので

180° − (50° × 2) = 80°

9 ①65°　②95°　③120°

解説《かいせつ》 ①360° − (120° + 75° + 100°) = 65°

②360° − (95° + 80° + 90°) = 95°

③平行四辺形の向かい合う角の大きさは等しいので

360° − (60° × 2) = 240°，240° ÷ 2 = 120°

10 ①六角形　②3本　③4つ　④720°

解説《かいせつ》 ④180° × 4 = 720°

11 ①[式]180°×8＝1440°　[答え]1440°

②[式]1260°＋180°＝1440°　[答え]1440°

解《かい》説《せつ》 ①十角形を7本の対角線で8つの三角形に分けると，十角形の角の大きさの和は，三角形の3つの角の和の8つ分になっていることがわかるので180°×8＝1440°と求められます。

②十角形を九角形と三角形に分けると，十角形の角の大きさの和は，九角形の角の大きさの和と三角形の角の大きさの和をたしたものになっていることがわかるので1260°＋180°＝1440°と求められます。

第7章 整数

1 偶数《ぐうすう》・奇数《きすう》

下のように，整数は，2でわりきれる数と2でわりきれない数に分けることができます。

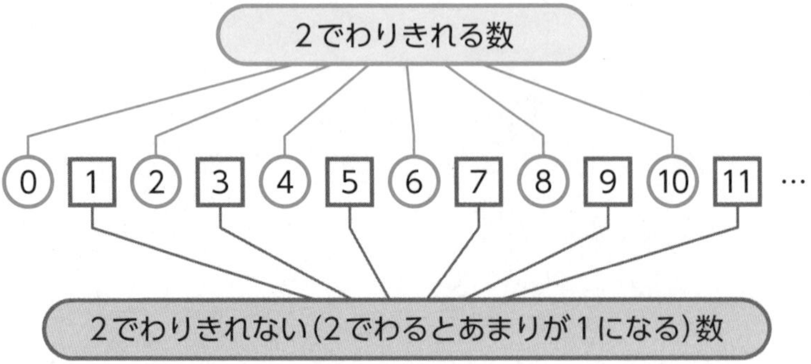

2でわりきれる整数を**偶数《ぐうすう》**，2でわりきれない整数を**奇数《きすう》**といいます。

上のように，整数を0から順にならべると，偶数《ぐうすう》と奇数《きすう》が1つおきにならびます。

2 倍数と公倍数

1．倍数

3，6，9，12，…のように，3に整数をかけてできる数を，3の**倍数**といいます。

$3=3\times1 \quad 6=3\times2 \quad 9=3\times3 \quad 12=3\times4 \quad \cdots$

3の倍数はいくらでもあります。また，0の倍数は考えないこととします。

同じように，4の倍数は（$4\times1=$）4,（$4\times2=$）8,（$4\times3=$）12，…，5の倍数は（$5\times1=$）5,（$5\times2=$）10,（$5\times3=$）15，…となります。

2．公倍数

12，24，36，48，…のように，3の倍数であり，4の倍数でもある整数を，3と4の**公倍数**といいます。3と4の公倍数はいくらでもあります。

$12=3\times4 \quad 24=3\times8 \quad 36=3\times12$

$48=3\times16 \quad \cdots$

$12=4\times3 \quad 24=4\times6 \quad 36=4\times9$

$48=4\times12 \quad \cdots$

公倍数のうち，いちばん小さい数を**最小公倍数**といいます。3と4の最小公倍数は12です。

6と9の公倍数を，小さい順に3個《こ》書きましょう。

6の倍数を小さい順に書くと，

6　12　(18)　24　30　(36)　42　48　(54)　60　…

9の倍数を小さい順に書くと，

9　(18)　27　(36)　45　(54)　63　(72)　81　(90)　…

○をつけた数が公倍数だから，6と9の公倍数は，小さい順に　18，36，54　となります。

3．公倍数の利用

A駅を8分おきに発車する電車と，A駅を20分おきに発車するバスがあります。午前10時10分に電車とバスが同時に発車しました。

電車とバスが次に同時に発車するのは，何時何分ですか。

電車が発車する時こくは，

18分　26分　34分　42分　50分　58分　…

バスが発車する時こくは，

30分　50分　11時10分　…

したがって，求める時こくは，午前10時50分です。

3 約数と公約数

1．約数

12をわりきることができる整数を，12の**約数**といいます。

12の約数は，1，2，3，4，6，12の6個《こ》です。

$12 \div 1 = 12$　　$12 \div 2 = 6$　　$12 \div 3 = 4$

$12 \div 4 = 3$　　$12 \div 6 = 2$　　$12 \div 12 = 1$

12は，12の約数の倍数になっています。

倍数 →

1，2，3，4，6，12　　12

← 約数

2．公約数

8の約数は，

① ② ④ 8

12の約数は，

① ② 3 ④ 6 12

○をつけた1，2，4は，8の約数であり，12の約数でもあります。このような数を，8と12の**公約数**といいます。

公約数のうち，いちばん大きい数を**最大公約数**といいます。8と12の最大公約数は4です。

3．公約数の利用

たて12cm，横18cmの長方形があります。この長方形を，あまりが出ないように，なるべく大きな正方形に切り分けます。
切り分けてできる正方形の１辺の長さは何cmですか。

正方形の1辺の長さを表す数は，12も18もわりきれる数，つまり12と18の公約数になります。

12をわりきれる数，つまり12の約数は，

① ② ③ 4 ⑥ 12

18をわりきれる数，つまり18の約数は，

① ② ③ ⑥ 9 18

なるべく大きな正方形に切り分けるので，求める長さは6cmです。

確《かく》認《にん》問題　　解答《かいとう》 130ページ

1. 偶数《ぐうすう》・奇《き》数《すう》

1 次の □ に，適切《てきせつ》なことばを入れましょう。

2でわりきれる整数を［ ① ］，2でわりきれない整数（2でわると1あまる数）を［ ② ］といいます。整数を0から順にならべると［ ① ］と［ ② ］が1つおきにならびます。0は［ ③ ］です。

〔①　　　　　　　　〕

〔②　　　　　　　　〕

〔③　　　　　　　　〕

2 次の数は偶数《ぐうすう》ですか，奇《き》数《すう》ですか。

①17　　②26　　③248　　④655

〔①　　　　　　②　　　　　　〕

〔③　　　　　　④　　　　　　〕

2. 倍数と公倍数

1 次の [　　] に，適切《てきせつ》なことばや数を入れましょう。

①3, 6, 9, 12, ……のように, 3に整数をかけてできる数を, 3の [Ⓐ] といいます。

②2つ以上の整数に共通する [Ⓐ] のことを [Ⓑ] といいます。たとえば3と4の [Ⓑ] は，小さい方から順に [Ⓒ]，24，36，48，……となります。[Ⓑ] のうち，最も小さい数を [Ⓓ] といいます。

〔Ⓐ　　　　　　　　〕

〔Ⓑ　　　　　　　　〕

〔Ⓒ　　　　　　　　〕

〔Ⓓ　　　　　　　　〕

2 次の数の倍数を小さい順に3個《こ》求めましょう。

①6　　②8　　③13　　④28

〔①　　　　　　②　　　　　　〕

〔③　　　　　　④　　　　　　〕

3 次の数の公倍数を小さい順に3個《こ》求めましょう。

①4と5　②6と9　③2と7　④4と5と8

〔①　　　　②　　　　〕

〔③　　　　④　　　　〕

4 次の数の最小公倍数を求めましょう。

①2と9　②3と7　③4と11　④9と10と15

〔①　　　　②　　　　〕

〔③　　　　④　　　　〕

5 次の問いに答えましょう。

①B駅を12分おきに発車する列車と，45分おきに発車するバスがあります。午前7時30分に列車とバスが同時に発車しました。列車とバスが次に同時に発車するのは何時何分ですか。

〔　　　　時　　　　分〕

②高さが4cmのブロックと，高さが7cmのブロックをそれぞれ積んでいきます。高さが100cmになるまでに，2つのブロックが同じ高さになるときは何回ありますか。また，そのときの高さはそれぞれ何cmですか。

〔同じ高さになる回数　　　　　　　　回〕

〔そのときの高さ　　　　　　　　　　〕

③たて30cm，横50cmのカーペットを同じ向きにしきつめて正方形をつくります。いちばん小さい正方形の1辺の長さは何cmですか。また，いちばん小さい正方形をつくるときには何枚《なんまい》のカーペットが必要ですか。

〔　　　　　　　cm〕

〔　　　　　　　枚《まい》〕

3. 約数と公約数

1 次の［　　］に，適切《てきせつ》なことばや数を入れましょう。

①ある数をわりきることのできる整数を［ Ⓐ ］といいます。たとえば，18の約数は，小さい順に［ Ⓑ ］，2，3，［ Ⓒ ］，［ Ⓓ ］，［ Ⓔ ］の6個《こ》です。

②2つ以上の整数に共通する［ Ⓐ ］のことを［ Ⓕ ］といいます。たとえば12と18の［ Ⓕ ］は，1，2，3，6となります。［ Ⓕ ］のうち，最も大きい数を［ Ⓖ ］といいます。

〔Ⓐ　　　　　　Ⓑ　　　　　　〕

〔Ⓒ　　　　　　Ⓓ　　　　　　〕

〔Ⓔ　　　　　　Ⓕ　　　　　　〕

〔Ⓖ　　　　　　　　　　　　　〕

2 次の数の約数を全部求めましょう。

①20　　②35　　③63　　④72

〔①　　〕

〔②　　〕

〔③　　〕

〔④　　〕

3 次の数の公約数を全部求めましょう。

①6と9　　②18と24　　③14と49

④12と30と54

〔①　　〕

〔②　　〕

〔③　　〕

〔④　　〕

4 次の数の最大公約数を求めましょう。

①9と12　②10と15　③16と56

④12と18と30

〔①　〕

〔②　〕

〔③　〕

〔④　〕

5 次の問いに答えましょう。

①たて24cm, 横54cmの長方形があります。この長方形を，あまりが出ないように，なるべく大きな正方形に切り分けます。切り分けてできる正方形の1辺の長さは何cmですか。

〔　cm〕

②クッキーが32個《こ》，チョコレートが80個《こ》あります。あまりが出ないように，それぞれ同じ数ずつ，できるだけ多くの子どもに分けます。何人の子どもに分けられますか。また，そのとき，クッキーとチョコレートはそれぞれ何《なん》個《こ》ずつ配ることができますか。

〔　　　　　　　　　　　　人〕

〔クッキー　　　　　　個《こ》，チョコレート　　　　　　個《こ》〕

③5年生が72人，6年生が96人います。それぞれ同じ人数に分かれて，5年生，6年生の合同グループをつくります。あまる人が出ないようにできるだけ多くのグループをつくるには，それぞれ何人に分かれればよいですか。また，グループはいくつできますか。

〔5年生　　　　　　人，6年生　　　　　　人〕

〔グループの数　　　　　　　　　　　　〕

解《かい》答《とう》

問題 122ページ

1. 偶数《ぐうすう》・奇数《きすう》

1 ①偶数《ぐうすう》　②奇数《きすう》　③偶数《ぐうすう》

2 ①奇数《きすう》　②偶数《ぐうすう》　③偶数《ぐうすう》　④奇数《きすう》

解説《かいせつ》 2でわって，わりきれるか，あまりが1になるかを確認《かくにん》します。

2. 倍数と公倍数

1 Ⓐ倍数　Ⓑ公倍数　Ⓒ12　Ⓓ最小公倍数

2 ①6，12，18　②8，16，24　③13，26，39　④28，56，84

3 ①20，40，60　②18，36，54　③14，28，42　④40，80，120

解説《かいせつ》 2つの数の公倍数は，その2つの数の最小公倍数の倍数になっています。

4 ①18　②21　③44　④90

5 ①午前10時30分

②同じ高さになる回数：3回／そのときの高さ：28cm，56cm，84cm

③150cm／15枚《まい》

解説《かいせつ》 ①12と45の最小公倍数は180。つまり，7時30分に列車とバスが同時に発車してから，次に同時に発車するのは180分後（3時間後）の午前10時30分になります。

②4と7の最小公倍数は28。2つの数の公倍数はその2つの数の最小公倍数の倍数なので，28，56，84，112，……と続きます。高さが100cmまでの間に2つのブロックが同じ高さになるのは，28cm，56cm，84cmの3回。

③30と50の最小公倍数は150なので，いちばん小さい正方形は1辺150cm。

1辺150cmの正方形をつくるには，たて5列（150÷30＝5），横3列（150÷5＝3）のカーペットが必要なので，必要なカーペットの数は5×3で15枚《まい》。

3. 約数と公約数

1 Ⓐ約数　Ⓑ1　Ⓒ6　Ⓓ9　Ⓔ18　Ⓕ公約数　Ⓖ最大公約数

2 ①1，2，4，5，10，20　②1，5，7，35　③1，3，7，9，21，63

④1，2，3，4，6，8，9，12，18，24，36，72

3 ①1，3　②1，2，3，6　③1，7　④1，2，3，6

解説《かいせつ》 公約数は，まず，小さい数の約数を書き出し，その中から大きな数の約数を見つけることで求めることができます。また，ある数の公約数は，その数の最大公約数の約数になっています。

4 ①3　②5　③8　④6

5 ①6cm　②16人／クッキー2個《こ》，チョコレート5個《こ》

③5年生3人，6年生4人／24グループ

解説《かいせつ》 ①24と54の最大公約数は6なので，1辺6cmの正方形に切り分けることができます。

②32と80の最大公約数は16なので，16人の子どもに分けられます。そのとき，32÷16＝2でクッキーは2個《こ》，80÷16＝5でチョコレートは5個《こ》配ることができます。

③72と96の最大公約数は24なので，グループは最大で24できます。1グループあたりの人数は，5年生72÷24＝3で3人，6年生96÷24＝4で4人となります。

第8章 分数のたし算とひき算

1．等しい分数

下のように，数直線を使うと，$\frac{1}{2}$，$\frac{2}{4}$，$\frac{3}{6}$は大きさが等しい分数であることがわかります。

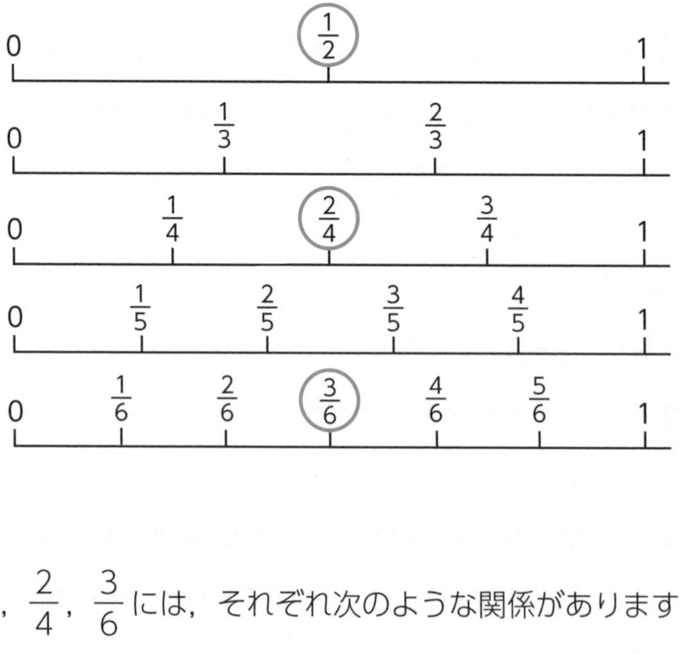

$\frac{1}{2}$，$\frac{2}{4}$，$\frac{3}{6}$には，それぞれ次のような関係があります。

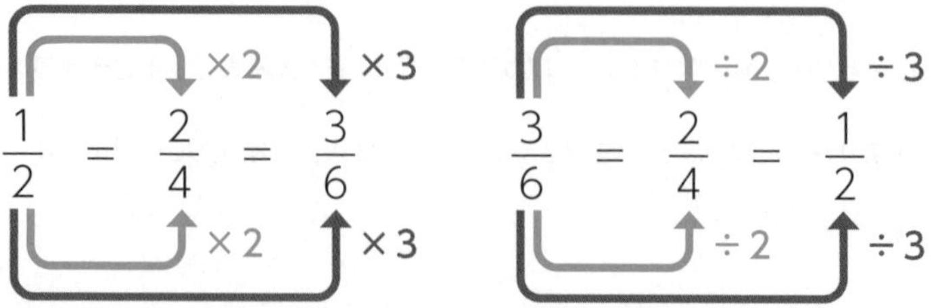

このように，分母と分子に同じ数をかけても，分母と分子を同じ数でわっても，分数の大きさは変わりません。

$$\frac{▲}{■} = \frac{▲ \times ●}{■ \times ●} \qquad \frac{▲}{■} = \frac{▲ \div ●}{■ \div ●}$$

この性質《せいしつ》を使うと，等しい分数をつくったり見つけたりすることができます。

2．約分

下のように，分数の分母と分子を同じ数でわって，分母の小さい分数にすることを，**約分する**といいます。わる数は，分母と分子の公約数です。

$$\frac{24}{28} = \frac{24 \div 4}{28 \div 4}$$

4は24と28の公約数

$$= \frac{6}{7}$$

約分するときは，ふつう，分母をできるだけ小さくします。

3．通分

分母のちがう分数を，それぞれの大きさを変えないで，分母が同じ分数に直すことを，**通分する**といいます。

通分のしかたを考えましょう。

$\frac{1}{4}$と$\frac{2}{5}$は，どちらが大きいですか。

$\frac{1}{4}$と等しい分数は，

$$\frac{2}{8},\ \frac{3}{12},\ \frac{4}{16},\ \frac{5}{20},\ \frac{6}{24},\ \cdots$$

$\frac{2}{5}$と等しい分数は，

$$\frac{4}{10},\ \frac{6}{15},\ \frac{8}{20},\ \frac{10}{25},\ \frac{12}{30},\ \cdots$$

分母が等しい分数で比《くら》べると，

$$\frac{5}{20} < \frac{8}{20}$$

20は4と5の公倍数

このように，分数を通分するには，分母の公倍数を見つけて，それを分母とする分数に直します。

$$\frac{1}{4} = \frac{1 \times 5}{4 \times 5} = \frac{5}{20} \qquad \frac{2}{5} = \frac{2 \times 4}{5 \times 4} = \frac{8}{20}$$

4．分数のたし算とひき算

分母のちがう分数のたし算とひき算は，通分してから計算します。

次の計算をしましょう。

① $\frac{1}{3}+\frac{1}{4}$　　② $\frac{1}{3}-\frac{1}{4}$

① $\frac{1}{3}+\frac{1}{4}$

3と4の最小公倍数は12なので，$\frac{1}{3}$と$\frac{1}{4}$を，それぞれ分母が12の分数に直します。

$$\frac{1}{3}=\frac{1\times 4}{3\times 4}=\frac{4}{12}\qquad \frac{1}{4}=\frac{1\times 3}{4\times 3}=\frac{3}{12}$$

したがって，

$$\frac{1}{3}+\frac{1}{4}=\frac{4}{12}+\frac{3}{12}=\frac{7}{12}$$

② $\frac{1}{3}-\frac{1}{4}$

たし算のときと同じように通分すると，

$$\frac{1}{3}-\frac{1}{4}=\frac{4}{12}-\frac{3}{12}=\frac{1}{12}$$

答えが約分できるときは，約分しましょう。

また，帯分数は仮分数《かぶんすう》に直して計算しましょう。

次の計算をしましょう。

① $\frac{2}{3}+\frac{5}{6}$　　　**②** $1\frac{3}{5}-\frac{2}{3}$

① $\frac{2}{3}+\frac{5}{6}$

$$\frac{2}{3}+\frac{5}{6}=\frac{4}{6}+\frac{5}{6}$$

$$=\frac{\cancel{9}^{\,3}}{\cancel{6}_{\,2}}$$

⬅ 分母と分子を3でわって約分する

$$=\frac{3}{2}$$

② $1\frac{3}{5}-\frac{2}{3}$

$$1\frac{3}{5}-\frac{2}{3}=\frac{8}{5}-\frac{2}{3}$$

⬅ $1\frac{3}{5}$ を仮分数《かぶんすう》に直す

$$=\frac{24}{15}-\frac{10}{15}$$

$$=\frac{14}{15}$$

確《かく》認《にん》問題　解答《かいとう》 146ページ

1. 等しい分数

1 次の □ にあてはまる数を入れましょう。

① $\frac{3}{4} = \frac{\square}{12}$　　② $\frac{\square}{20} = \frac{1}{2}$

③ $\frac{4}{9} = \frac{12}{\square}$　　④ $\frac{2}{\square} = \frac{16}{56}$

2. 約分

1 次の分数を約分しましょう。

① $\frac{3}{6}$　〔　　　〕　　② $\frac{6}{8}$　〔　　　〕

③ $\frac{15}{18}$　〔　　　〕　　④ $\frac{24}{30}$　〔　　　〕

⑤ $\frac{35}{75}$　〔　　　〕　　⑥ $\frac{80}{100}$　〔　　　〕

3. 通分

1 次の分数を通分して大きさを比《くら》べ，等号や不等号を使って式に書きましょう。

① $\frac{1}{4}$，$\frac{1}{6}$　　② $\frac{2}{3}$，$\frac{3}{5}$　　③ $\frac{6}{7}$，$\frac{7}{9}$

〔　　　　〕　〔　　　　〕　〔　　　　〕

④ $\frac{3}{8}$，$\frac{5}{12}$　　⑤ $\frac{8}{13}$，$\frac{7}{12}$　　⑥ $\frac{11}{15}$，$\frac{13}{20}$

〔　　　　〕　〔　　　　〕　〔　　　　〕

⑦ $\frac{3}{2}$，$\frac{6}{5}$　　⑧ $\frac{13}{10}$，$\frac{21}{20}$　　⑨ $\frac{50}{6}$，$\frac{577}{72}$

〔　　　　〕　〔　　　　〕　〔　　　　〕

2 次の分数を通分しましょう。

① $\frac{1}{3}$，$\frac{1}{5}$，$\frac{1}{6}$　　② $\frac{5}{6}$，$\frac{7}{8}$，$\frac{3}{4}$

〔　　　　〕　〔　　　　〕

4. 分数のたし算とひき算

1 次の計算をしましょう。

① $\frac{1}{4}+\frac{2}{3}$

〔　　　　　〕

② $\frac{3}{4}+\frac{2}{9}$

〔　　　　　〕

③ $\frac{1}{8}+\frac{5}{6}$

〔　　　　　〕

④ $\frac{3}{4}+\frac{1}{6}$

〔　　　　　〕

⑤ $\frac{1}{2}-\frac{1}{3}$

〔　　　　　〕

⑥ $\frac{4}{9}-\frac{3}{8}$

〔　　　　　〕

⑦ $\frac{8}{9}-\frac{1}{7}$

〔　　　　　〕

⑧ $\frac{3}{8}-\frac{1}{4}$

〔　　　　　〕

2 **次の計算をしましょう。**

① $\frac{1}{3}+\frac{1}{6}$

〔　　　　〕

② $\frac{1}{6}+\frac{1}{2}$

〔　　　　〕

③ $\frac{5}{16}+\frac{1}{5}$

〔　　　　〕

④ $\frac{1}{14}+\frac{9}{70}$

〔　　　　〕

⑤ $\frac{1}{2}-\frac{1}{6}$

〔　　　　〕

⑥ $\frac{1}{2}-\frac{3}{10}$

〔　　　　〕

⑦ $\frac{5}{6}-\frac{1}{2}$

〔　　　　〕

⑧ $\frac{14}{15}-\frac{5}{6}$

〔　　　　〕

3 次の計算をしましょう。

① $\frac{1}{3}+\frac{1}{6}+\frac{1}{12}$

〔　　　　〕

② $\frac{8}{9}-\frac{1}{3}-\frac{1}{6}$

〔　　　　〕

③ $\frac{7}{9}+\frac{7}{27}-\frac{1}{3}$

〔　　　　〕

④ $1+\frac{1}{3}-\frac{8}{9}$

〔　　　　〕

4 次の計算をしましょう。

① $1\frac{1}{2}+1\frac{1}{3}$

〔　　　　〕

② $3\frac{1}{3}+3\frac{1}{9}$

〔　　　　〕

③ $2\frac{1}{3}-1\frac{1}{6}$

〔　　　　〕

④ $7\frac{1}{4}-2\frac{5}{12}$

〔　　　　〕

5. 練習問題

1 次の □ にあてはまる数を入れましょう。

① $\frac{2}{3}=\frac{\square}{6}$

〔　　　　〕

② $\frac{8}{24}=\frac{\square}{3}$

〔　　　　〕

③ $\square\frac{2}{3}=\frac{16}{6}$

〔　　　　〕

2 次の分数を約分しましょう。

① $\frac{3}{9}$　② $\frac{6}{18}$　③ $\frac{100}{350}$

〔　　　　〕〔　　　　〕〔　　　　〕

3 次の分数を通分して大きさを比《くら》べ，等号や不等号を使って式に書きましょう。

① $\frac{3}{4}$，$\frac{5}{6}$

〔　　　　　　　　〕

② $\frac{1}{2}$，$\frac{4}{8}$

〔　　　　　　　　〕

③ $\frac{9}{5}$，$\frac{11}{3}$

〔　　　　　　　　〕

4 次の分数を通分しましょう。

① $\frac{3}{10}$，$\frac{1}{3}$，$\frac{5}{6}$

〔　　　　　　　　〕

② $\frac{41}{72}$，$\frac{8}{9}$，$\frac{11}{18}$

〔　　　　　　　　〕

5 次の計算をしましょう。

① $\frac{1}{5}+\frac{3}{4}$

〔　　　　〕

② $\frac{2}{5}-\frac{1}{7}$

〔　　　　〕

③ $\frac{11}{12}-\frac{1}{24}+\frac{3}{4}$

〔　　　　〕

④ $3\frac{3}{4}-\frac{17}{12}$

〔　　　　〕

6 家からバス停《てい》まで $\frac{3}{4}$km，バス停《てい》からスーパーまで $\frac{1}{6}$kmあります。次の問題に答えましょう。

①家からバス停《てい》を通ってスーパーまでは何kmありますか。

〔　　　　〕

②家からバス停《てい》まではバス停《てい》からスーパーより何km遠いですか。

〔　　　　〕

解《かい》答《とう》

問題 137ページ

1. 等しい分数

1 ①9　②10　③27　④7

2. 約分

1 ①$\frac{1}{2}$　②$\frac{3}{4}$　③$\frac{5}{6}$　④$\frac{4}{5}$　⑤$\frac{7}{15}$　⑥$\frac{4}{5}$

3. 通分

1 ①$\frac{1}{4} > \frac{1}{6}$　②$\frac{2}{3} > \frac{3}{5}$　③$\frac{6}{7} > \frac{7}{9}$

④$\frac{3}{8} < \frac{5}{12}$　⑤$\frac{8}{13} > \frac{7}{12}$　⑥$\frac{11}{15} > \frac{13}{20}$

⑦$\frac{3}{2} > \frac{6}{5}$　⑧$\frac{13}{10} > \frac{21}{20}$　⑨$\frac{50}{6} > \frac{577}{72}$

解《かい》説《せつ》 ⑤13と12の最小公倍数は156なので，$\frac{96}{156} > \frac{91}{156}$となり，$\frac{8}{13}$のほうが大きいことになります。

2 ①$\frac{10}{30}$，$\frac{6}{30}$，$\frac{5}{30}$　②$\frac{20}{24}$，$\frac{21}{24}$，$\frac{18}{24}$

4. 分数のたし算とひき算

1 ①$\frac{11}{12}$　②$\frac{35}{36}$　③$\frac{23}{24}$　④$\frac{11}{12}$

⑤$\frac{1}{6}$　⑥$\frac{5}{72}$　⑦$\frac{47}{63}$　⑧$\frac{1}{8}$

2 ①$\frac{1}{2}$　②$\frac{2}{3}$　③$\frac{41}{80}$　④$\frac{1}{5}$

⑤$\frac{1}{3}$　⑥$\frac{1}{5}$　⑦$\frac{1}{3}$　⑧$\frac{1}{10}$

3 ①$\frac{7}{12}$　②$\frac{7}{18}$　③$\frac{19}{27}$　④$\frac{4}{9}$

4 ①$2\frac{5}{6}$　②$6\frac{4}{9}$　③$1\frac{1}{6}$　④$4\frac{5}{6}$

解《かい》説《せつ》 ④帯分数を仮《か》分数《ぶんすう》に直し，通分したうえで計算すると$\frac{87}{12}-\frac{29}{12}=\frac{58}{12}$となり，再《ふたた》び帯分数にすると$4\frac{10}{12}$となります。ただし，ここで計算が終わりではないことに注意して，約分をわすれないようにしましょう。

5. 練習問題

1 ①4　②1　③2

2 ①$\frac{1}{3}$　②$\frac{1}{3}$　③$\frac{2}{7}$

3 ①$\frac{3}{4} < \frac{5}{6}$　②$\frac{1}{2} = \frac{4}{8}$　③$\frac{9}{5} < \frac{11}{3}$

4 ①$\frac{9}{30}$，$\frac{10}{30}$，$\frac{25}{30}$　②$\frac{41}{72}$，$\frac{64}{72}$，$\frac{44}{72}$

5 ①$\frac{19}{20}$　②$\frac{9}{35}$　③$\frac{13}{8}$　④$\frac{7}{3}$

6 ①$\frac{11}{12}$km　②$\frac{7}{12}$km

解《かい》説《せつ》 ①$\frac{3}{4}+\frac{1}{6}=\frac{11}{12}$

②$\frac{3}{4}-\frac{1}{6}=\frac{7}{12}$

第9章　四角形と三角形の面積

1．平行四辺形の面積

下の平行四辺形の面積は何cm^2ですか。

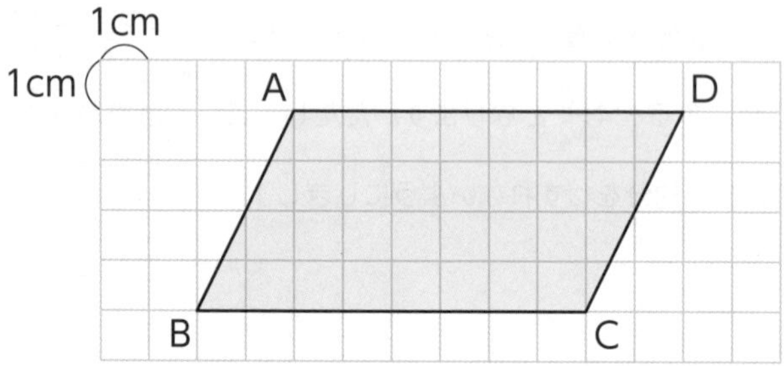

直角三角形を動かして，長方形にします。

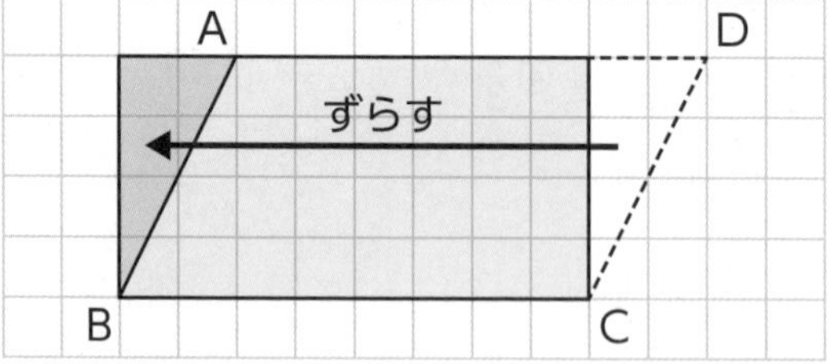

したがって，面積は，

$4 \times 8 = 32\ (\mathrm{cm}^2)$

次のように動かしても，長方形にすることができます。

●台形を動かす

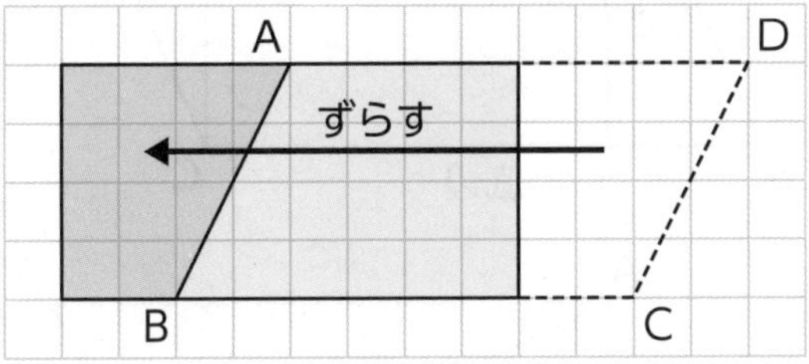

●2つの直角三角形を動かす

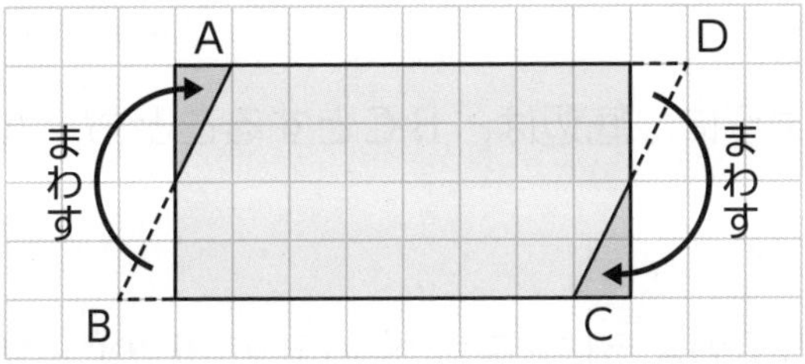

このように，平行四辺形の面積は，長方形に形を変えて求めることができます。

平行四辺形の1つの辺を底辺とするとき，その底辺とこれに平行な辺に垂直《すいちょく》にひいた直線の長さを高さといいます。

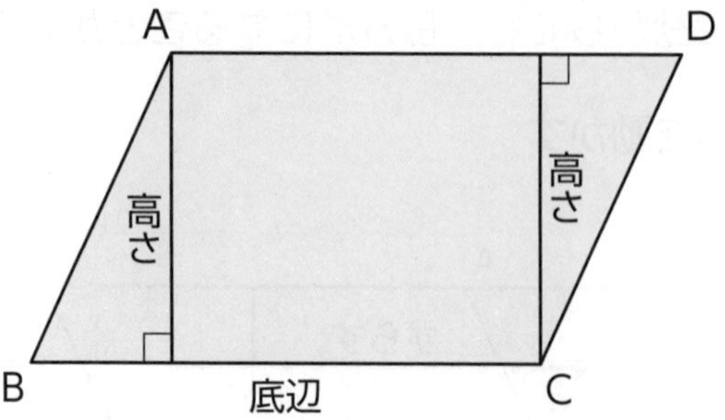

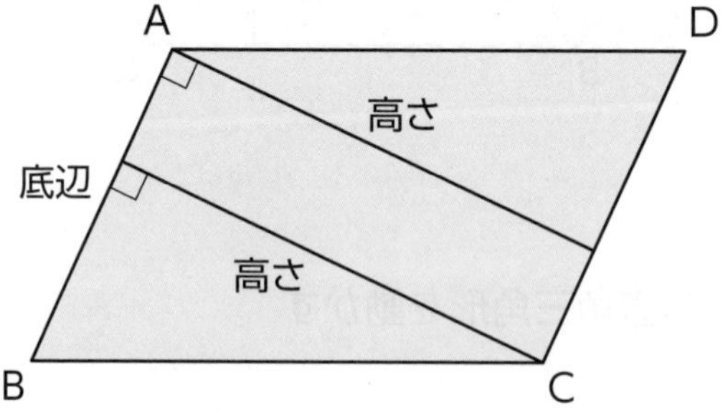

上の図のように，底辺は，ＢＣとすることも，ＡＢとすることもできます。

また，次の図のように，高さが平行四辺形の中にないときも，中にあるときと同じように考えることができます。

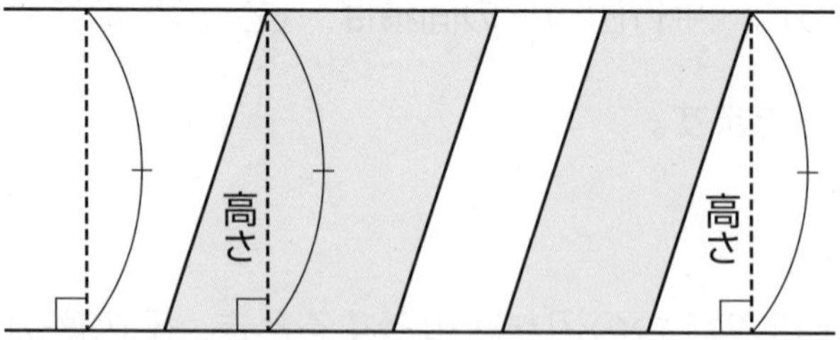

平行四辺形の面積 ＝ 底辺 × 高さ

2．三角形の面積

下の三角形の面積は何 cm^2 ですか。

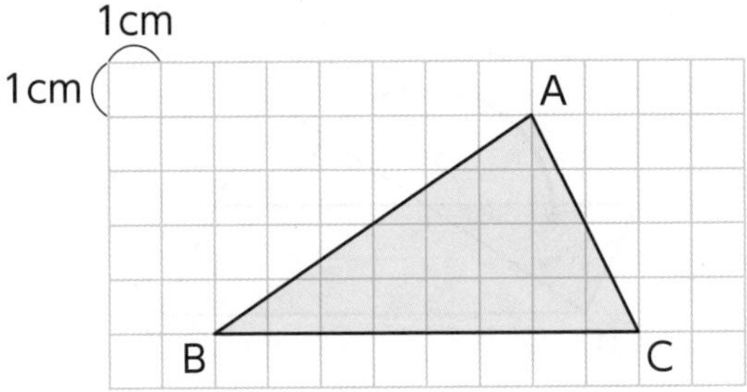

〈考え方①〉

三角形ＡＢＣを２つ組み合わせて，平行四辺形にします。

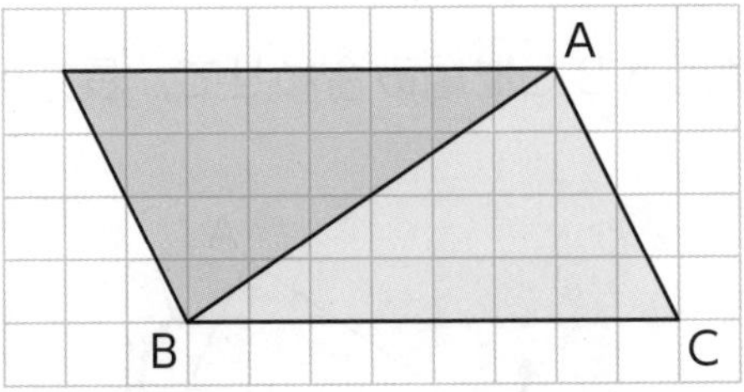

したがって，面積は，

$8 \times 4 \div 2 = 16$ (cm^2)

〈考え方②〉

三角形ＡＢＣの一部の三角形を動かして，平行四辺形にします。

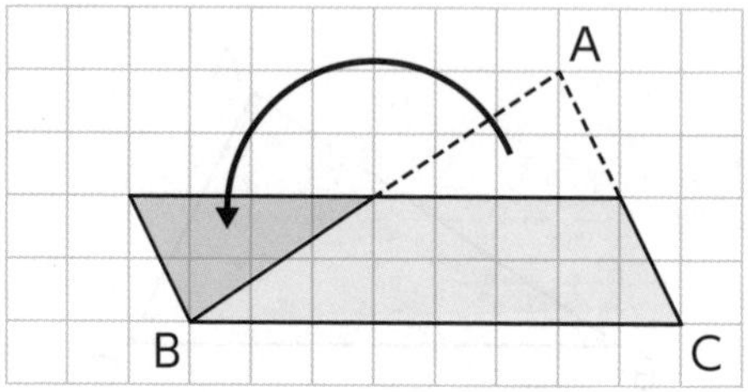

したがって，面積は，

$8 \times (4 \div 2) = 16$ (cm^2)

〈考え方③〉

三角形ＡＢＣを２つの直角三角形に分けます。その２つの直角三角形と三角形ＡＢＣを組み合わせて，長方形にします。

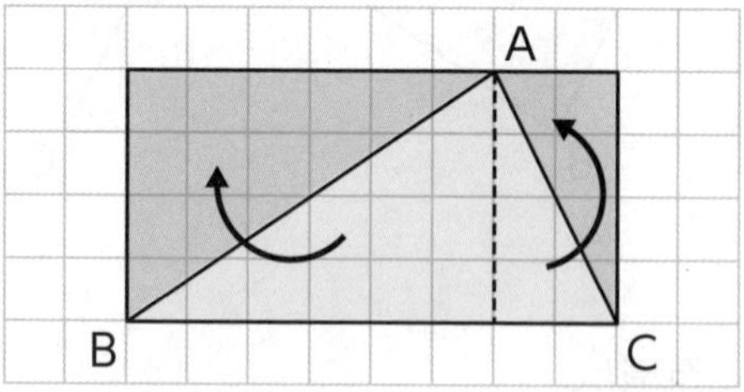

したがって，面積は，

$4 \times 8 \div 2 = 16$ (cm^2)

このように，三角形の面積は，平行四辺形や長方形に形を変えて求めることができます。

三角形の１つの辺を底辺とするとき，その底辺と向かい合う頂点《ちょうてん》から底辺に垂直《すいちょく》にひいた直線の長さを高さといいます。

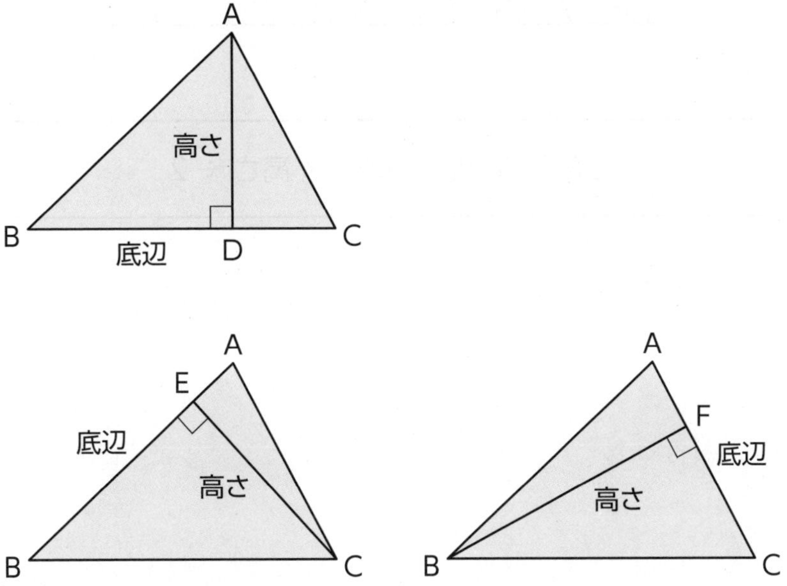

上の図のように，底辺は，ＢＣとすることも，ＡＢとすることも，ＡＣとすることもできます。

また，次の図のように，高さが三角形の中にないときも，中にあるときと同じように考えることができます。

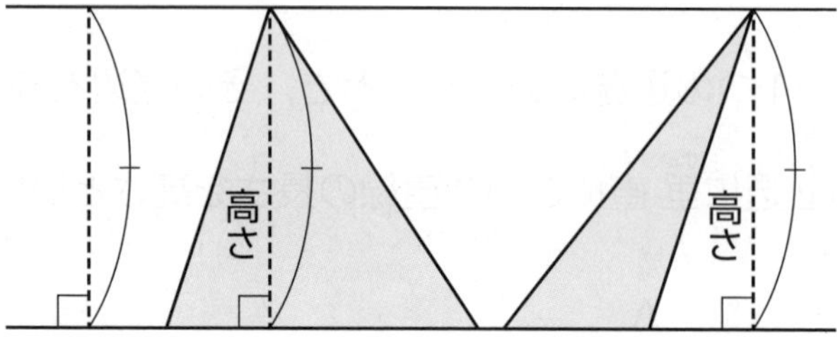

三角形の面積 ＝ 底辺 × 高さ ÷ 2

3．台形の面積

下の台形の面積は何 cm^2 ですか。

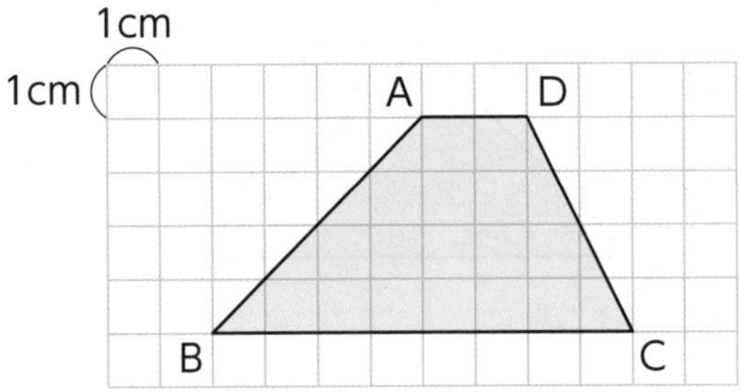

〈考え方①〉

台形ＡＢＣＤを２つ組み合わせて，平行四辺形にします。

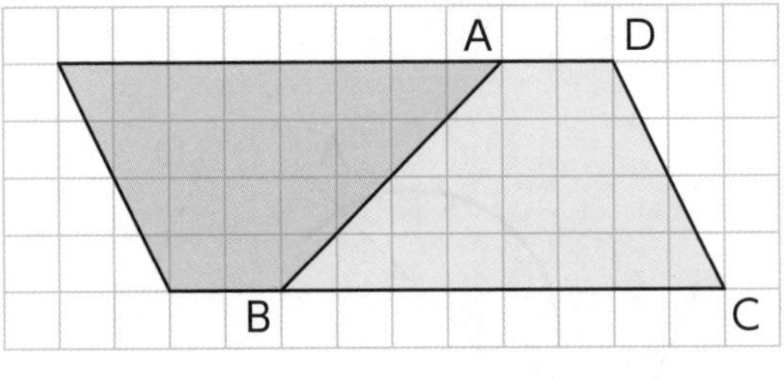

したがって，面積は，

$(8+2)\times 4\div 2=20\ (cm^2)$

〈考え方②〉

2つの三角形に分けます。

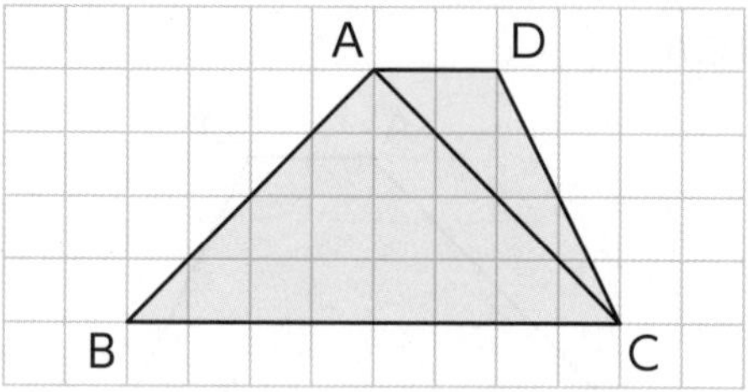

したがって，面積は，

$8 \times 4 \div 2 + 2 \times 4 \div 2 = 20$ (cm^2)

〈考え方③〉

台形ＡＢＣＤの一部の台形を動かして，平行四辺形にします。

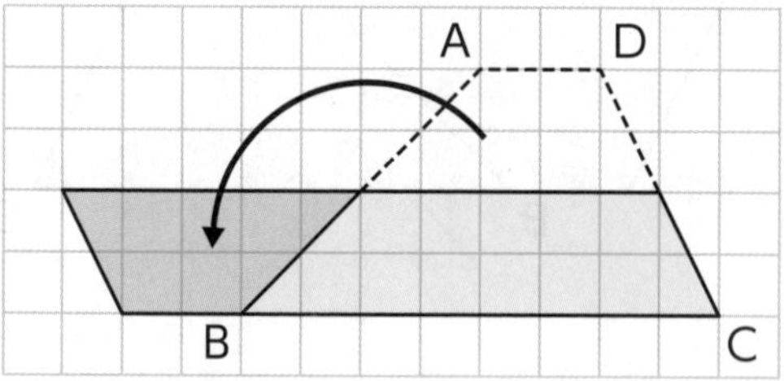

したがって，面積は，

$(8 + 2) \times (4 \div 2) = 20$ (cm^2)

このように，台形の面積は，平行四辺形に形を変えたり，三角形に分けたりして求めることができます。

台形の平行な２つの辺を**上底**，**下底**といい，その間のはばを高さといいます。

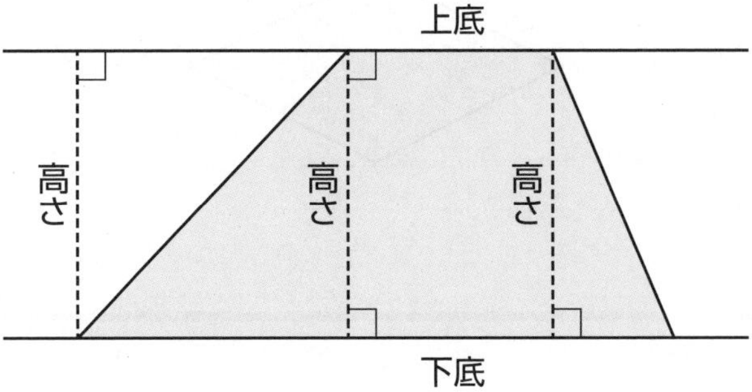

台形の面積 ＝ (上底 ＋ 下底) × 高さ ÷ 2

4．ひし形の面積

下のひし形の面積は何 cm^2 ですか。

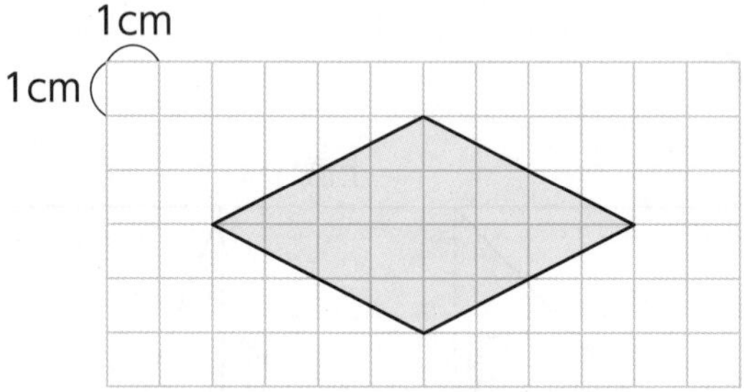

〈考え方①〉

2つの三角形に分けます。

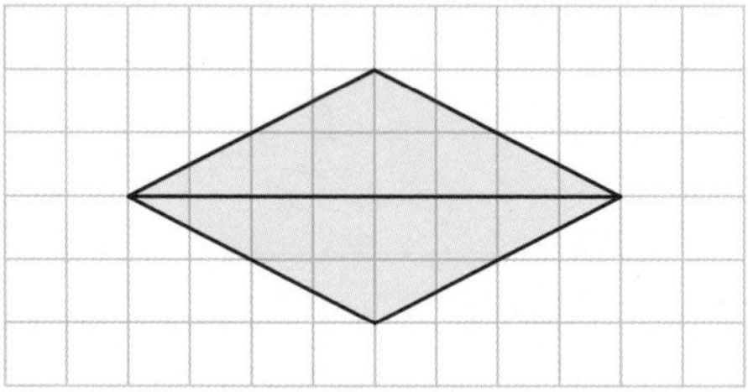

したがって，面積は，

$$(8 \times 2 \div 2) \times 2 = 16\ (\text{cm}^2)$$

〈考え方②〉

ひし形を４つの直角三角形に分けます。その４つの直角三角形とひし形を組み合わせて，長方形にします。

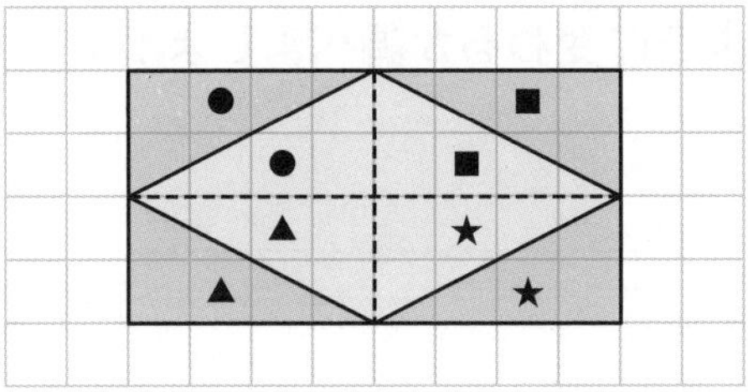

したがって，面積は，

$4 \times 8 \div 2 = 16\ (\mathrm{cm}^2)$

このように，ひし形の面積は，ひし形の対角線の長さを辺に持つ図形をもとにして求めることができます。

ひし形の面積 ＝ 対角線 × 対角線 ÷ 2

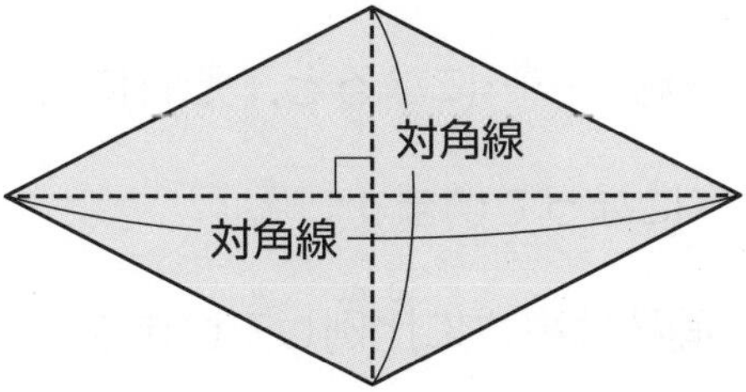

5．三角形の高さと面積の関係

三角形の底辺を4cmと決めて，高さを1cm，2cm，3cm，…と変えていきます。

面積はどのように変わるか調べましょう。

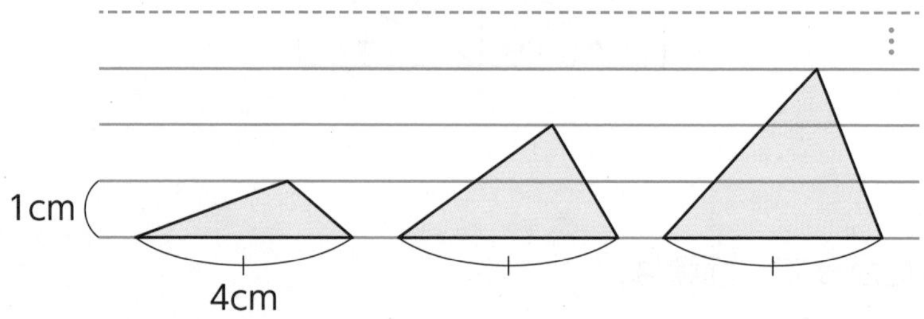

高さと面積の関係を表に整理すると，次のようになります。

高さ (cm)	1	2	3	4	5	6	…
面積 (cm^2)	2	4	6	8	10	12	…

高さが2倍，3倍，……になると，それにともなって面積も2倍，3倍，……になっています。

したがって，面積は高さに比例《ひれい》しています。

確《かく》認《にん》問題

解答《かいとう》 167ページ

1. 平行四辺形の面積

1 以下の問いに答えましょう。

①次の □ に，適切《てきせつ》なことばを入れましょう。

平行四辺形の面積は，長方形に形を変えることで求めることができます。底辺と，これに平行な辺に垂直《すいちょく》にひいた直線の長さである高さをかけて，面積を得《え》ることができます。これを

平行四辺形の面積 ＝ 底辺 × □

と整理することができます。

〔　　　　　　　　〕

②下の図の面積を求めましょう。

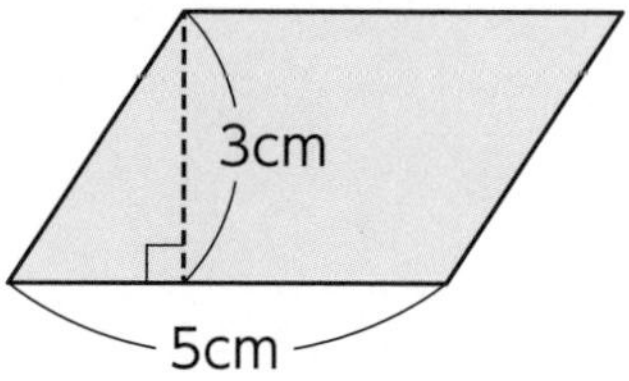

〔　　　　　　　　〕

2. 三角形の面積

1 以下の問いに答えましょう。

①次の □ に，適切《てきせつ》な数を入れましょう。

三角形の面積は，平行四辺形に形を変えることで求めることができます。三角形の１つの辺を底辺として，これに向かい合う頂点《ちょうてん》から底辺に垂直《すいちょく》にひいた直線の長さを，平行四辺形の高さとします。これをもとに得《え》た平行四辺形の面積を求め，２でわることで三角形の面積を得《え》ることができます。これを

三角形の面積 ＝ 底辺 × 高さ ÷ □

と整理することができます。

〔　　　　　　　　〕

②下の図の面積を求めましょう。

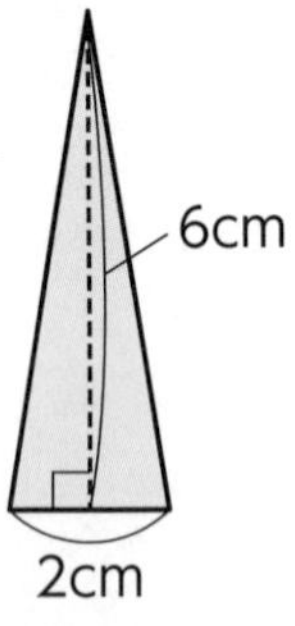

〔　　　　　　　　〕

3. 台形の面積

1 以下の問いに答えましょう。

①次の □ に，適切《てきせつ》なことばを入れましょう。

台形の面積は，2つの同じ形の台形を組み合わせて，平行四辺形に形を変えることで求めることができます。台形の上底と下底をたすことで，平行四辺形の底辺を得《え》ます。それに台形の高さをかけて，2でわることで台形の面積を得《え》ることができます。これを

台形の面積 ＝ (□ ＋ 下底) × 高さ ÷ 2

と整理することができます。

〔　　　　　　　　〕

②下の図の面積を求めましょう。

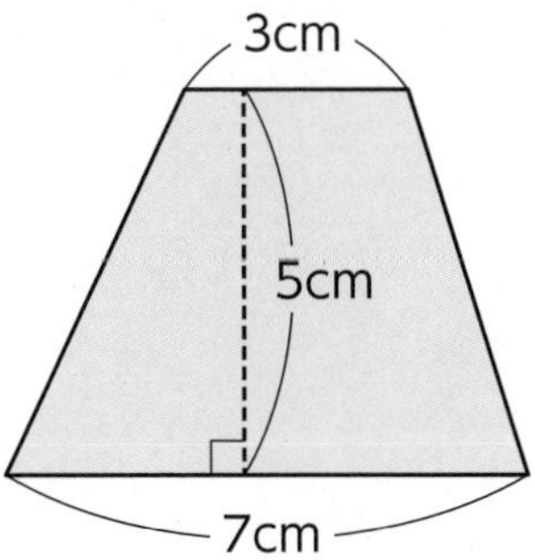

〔　　　　　　　　〕

4. ひし形の面積

1 以下の問いに答えましょう。

①次の□に，適切《てきせつ》なことばを入れましょう。

ひし形の面積は，２つの同じ形の三角形に分けることで求めることができます。ひし形の対角線の長さを辺に持つ図形をもとにして求めることができます。これを

ひし形の面積＝(□×□)÷２

と整理することができます。

〔　　　　　　　　〕

②下の図の面積を求めましょう。

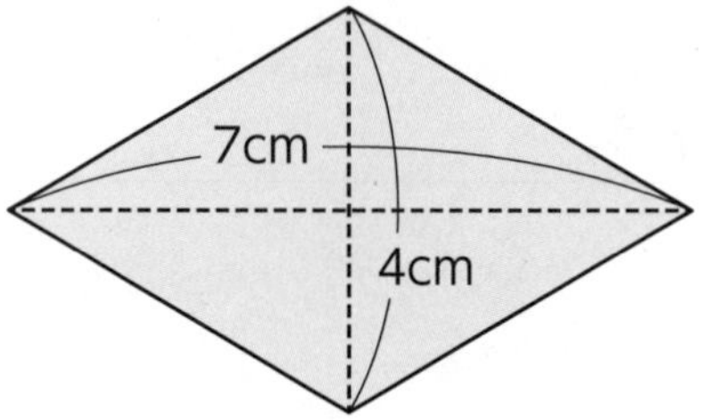

〔　　　　　　　　〕

5. 三角形の高さと面積の関係

1 以下の問いに答えましょう。

①次の□に，適切《てきせつ》なことばを入れましょう。

底辺の長さが同じとき，三角形の面積は高さに□します。よって，高さが2倍，3倍，…となると，それにともなって面積も2倍，3倍，…となります。

〔　　　　　　　　〕

②次の□に，適切《てきせつ》な数を入れましょう。

底辺3cmの三角形の高さと面積の関係

高さ (cm)	2	4	□	8	10
面積 (cm^2)	3	6	9	12	15

〔　　　　　　　　〕

③次の□に，適切《てきせつ》な数を入れましょう。

底辺4cmの三角形の高さと面積の関係

高さ (cm)	3	6	あ	12	15
面積 (cm^2)	6	12	18	24	い

あ〔　　　　　　　　〕

い〔　　　　　　　　〕

解《かい》答《とう》

問題 161ページ

1. 平行四辺形の面積

1 ①高さ　②15cm^2

2. 三角形の面積

1 ① 2　②6cm^2

3. 台形の面積

1 ①上底　②25cm^2

4. ひし形の面積

1 ①対角線　②14cm^2

5. 三角形の高さと面積の関係

1 ①比《ひ》例《れい》　②6　③あ9　い30

第10章 平均《へいきん》

1. 平均《へいきん》

いくつかの数量を，同じ大きさになるようにならしたものを**平均《へいきん》**といいます。

箱の中に，みかんがたくさんあります。

箱の中から5個《こ》取り出し，重さを調べると，次のようになりました。

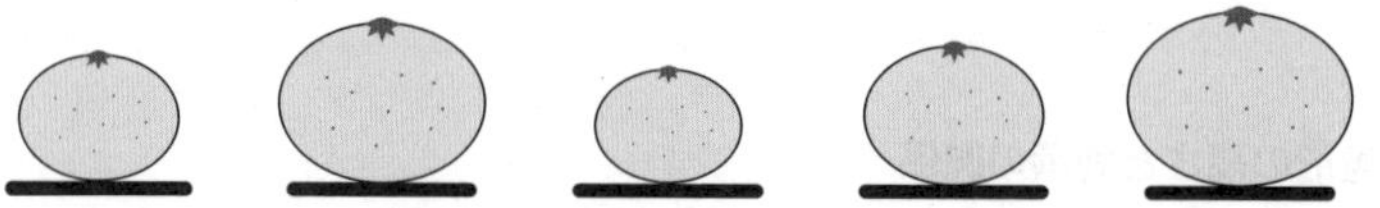

90g　123g　82g　117g　131g

この5個《こ》のみかんの重さの平均《へいきん》は何gですか。

5個《こ》のみかんの重さの合計は，

$$90 + 123 + 82 + 117 + 131 = 543\ (\text{g})$$

平均《へいきん》は，これを個数《こすう》でわって，

$$543 \div 5 = 108.6\ (\text{g})$$

このように，平均《へいきん》は，数量の合計を個数《こすう》でわって求めます。

平均《へいきん》 ＝ 合計 ÷ 個数《こすう》

前ページの問題のみかんは，箱の中に45個《こ》ありました。

みかん45個《こ》の重さの合計は何gだと考えられますか。

1個《こ》の重さを108.6gと考えます。

したがって，45個《こ》の重さの合計は，

108.6×45＝4887 (g)

このように，平均《へいきん》を使うと，全体の量を予想することができます。

次の数は，あやのさんが，6日間に借りた本のさっ数を表しています。

4　1　3　0　2　5　(さつ)

あやのさんが6日間に借りた本のさっ数の平均《へいきん》は何さつですか。

6日間に借りた本のさっ数の合計は，

$$4+1+3+\underline{0}+2+5=15 \text{ (さつ)}$$

↑

6日間の平均《へいきん》を考えるので，0さつもふくめる

したがって，平均《へいきん》は，

$$15 \div 6 = 2.5 \text{ (さつ)}$$

このように，平均《へいきん》を求めるときは，0も個数《こすう》にふくめて考えます。

また，本のさっ数や人数など，ふつう小数で表せないものでも，平均《へいきん》では小数で表すことがあります。

2. 平均《へいきん》を使って

さおりさんが10歩歩いた長さは6.4mでした。

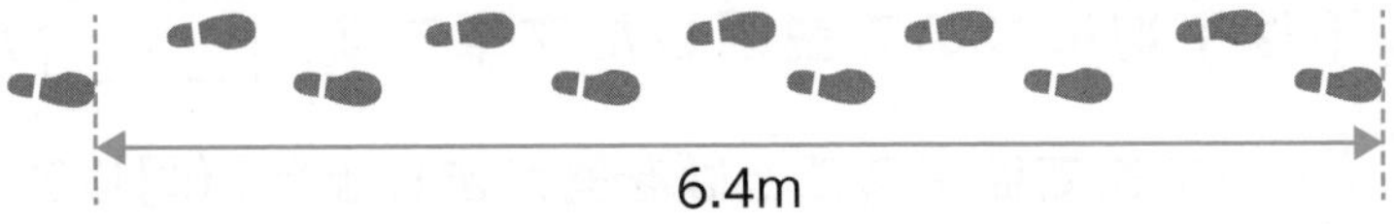

さおりさんの歩はばの平均《へいきん》は何mですか。

歩はばは，いつも同じとは限《かぎ》らないので，平均《へいきん》を使って求めます。

6.4 ÷ 10 = 0.64 (m)

歩はばの平均《へいきん》を使うと，いろいろなもののおよその長さを調べることができます。

たとえば，さおりさんが，A地点からB地点まで，95歩で歩いた場合，A地点からB地点までの長さは，およそ，

0.64 × 95 = 60.8 (m)

確《かく》認《にん》問題

解答《かいとう》 177ページ

1. 基本《きほん》問題

1 以下は平均《へいきん》について説明した文章です。 ① から ⑤ にあてはまることばを答えましょう。(同じことばが入ることもあります。)

平均《へいきん》は， ① を求めて，それを ② で ③ ことで求めることができます。反対に，平均《へいきん》に ④ をかけることで， ⑤ を求めることができます。

〔①　　　　　　　　〕

〔②　　　　　　　　〕

〔③　　　　　　　　〕

〔④　　　　　　　　〕

〔⑤　　　　　　　　〕

2 以下の問題に答えましょう。

①かもめさんが7日間に歩いたきょりは以下のとおりでした。1週間で1日平均《へいきん》何km歩いたことになりますか。

1日目	2日目	3日目	4日目	5日目	6日目	7日目
6km	5km	3km	2km	1km	6km	5km

〔　　　　　　　km〕

②みどりさんが7日間に勉強をした時間は以下のとおりでした。1週間で1日平均《へいきん》何時間勉強をしたことになりますか。

1日目	2日目	3日目	4日目	5日目	6日目	7日目
1時間	2時間	0時間	0時間	2時間	2時間	0時間

〔　　　　　　　時間〕

③つばめさんは1日に平均《へいきん》4km歩いています。つばめさんは1週間で何km歩くと考えられますか。

〔　　　　　　　　　km〕

2. 標準《ひょうじゅん》問題

1 お店で買ってきたたまご8個《こ》の重さを量ると，以下のようになりました。

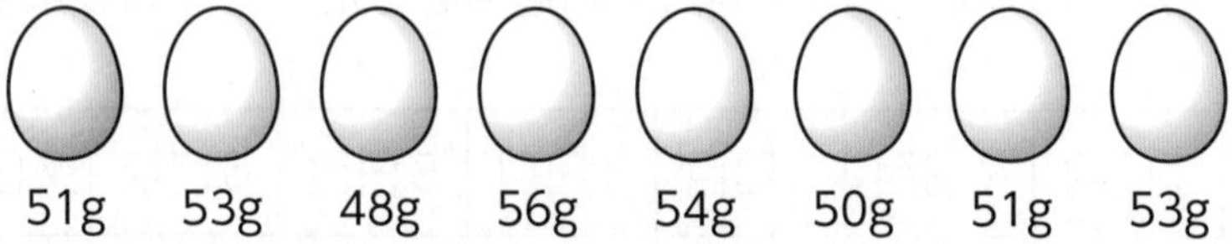

①たまごの重さの平均《へいきん》は何gですか。

〔　　　　　　　　　g〕

②もしも，たまごを13個《こ》買っていたとしたら，重さは何g
になったと考えられますか。

〔　　　　　　　　　g〕

③たまごを何《なん》個《こ》か選んで重さを量ったところ，312gとなり
ました。何《なん》個《こ》のたまごを選んだでしょうか。

〔　　　　　　　　　個《こ》〕

2 **ここに黒色のお手玉が6個《こ》，赤色のお手玉が8個《こ》あります。黒色のお手玉の重さは平均《へいきん》280gでした。赤色のお手玉の重さは8個《こ》全部で2688gでした。**

①黒色のお手玉の重さは6個《こ》全部で何gになりますか。

〔　　　　　　　　g〕

②赤色のお手玉の重さは平均《へいきん》何gですか。

〔　　　　　　　　g〕

③お手玉の色のちがいは気にせず，お手玉14個《こ》の平均《へいきん》の重さは何gですか。

〔　　　　　　　　g〕

解《かい》答《とう》

問題 172ページ

1. 基本《きほん》問題

1 ①合計　②個数《こすう》　③わる　④個数《こすう》　⑤合計

2 ①4km　②1時間　③28km

2. 標準《ひょうじゅん》問題

1 ①52g　②676g　③6個《こ》

解説《かいせつ》 ① $(51+53+48+56+54+50+51+53)\div 8=416\div 8=52$

②たまご1個《こ》の重さは平均《へいきん》で52gですから，たまごを13個《こ》買った場合は，52g×13＝676gと考えられます。

③たまご1個《こ》の重さは平均《へいきん》で52gですから，312g÷52gとし，6個《こ》となります。

2 ①1680g　②336g　③312g

解説《かいせつ》 ③黒色のお手玉の重さは6個《こ》全部で1680g，赤色のお手玉の重さは8個《こ》全部で2688gです。そのため，お手玉14個《こ》の重さは14個《こ》全部で1680＋2688＝4368gとなります。この合計を個数《こすう》の14でわれば，お手玉1個《こ》の平均《へいきん》の重さは312gとなります。黒色のお手玉と赤色のお手玉は個数《こすう》がちがいますから，それぞれの平均《へいきん》をたして2でわったりしないようにしましょう。また数字が大きいので計算まちがいにも注意しましょう。

第11章 単位量あたりの大きさ

1. こみぐあい

にわとり小屋A，B，Cの面積とにわとりの数は，それぞれ次のようになっています。

	面積（m^2）	にわとりの数（羽）
A	4	5
B	4	7
C	6	7

3つの小屋のこみぐあいを比《くら》べましょう。

AとBでは，どちらがこんでいるでしょうか。

面積が同じなので，にわとりの数が多いBのほうがこんでいるといえます。

BとCでは，どちらがこんでいるでしょうか。

にわとりの数が同じなので，面積が小さいBのほうがこんでいるといえます。

AとCでは，どちらがこんでいるでしょうか。

$1m^2$ あたりのにわとりの数で比《くら》べると，

A → $5 \div 4 = 1.25$（羽）

C → $7 \div 6 = 1.166\cdots$　より，約1.17羽

$1m^2$ あたりのにわとりの数が多いAのほうがこんでいるといえます。

にわとり１羽あたりの面積で比《くら》べることもできます。

A → $4 \div 5 = 0.8$（m^2）

C → $6 \div 7 = 0.857\cdots$　より，約$0.86m^2$

にわとり１羽あたりの面積が小さいAのほうがこんでいるといえます。

このように，面積とにわとりの数がどちらもちがうときでも，$1m^2$ あたりのにわとりの数や，にわとり１羽あたりの面積を調べて，こみぐあいを比《くら》べることができます。

2. 単位量あたりの大きさ

6さつで480円のノートAと，8さつで520円のノートBがあります。

1さつあたりのねだんが安いのはA，Bのどちらですか。

1さつあたりのねだんをそれぞれ調べます。

A　→　480÷6＝80 (円)

B　→　520÷8＝65 (円)

したがって，1さつあたりのねだんが安いのはBです。

「1m^{2}あたりの数」や「1さつあたりのねだん」などを，**単位量あたりの大きさ**といいます。

3. 人口密度《みつど》

1km^2 あたりの人口を**人口密度《みつど》**といいます。

東京都と神奈川県の人口密度《みつど》を，それぞれ求めましょう。答えは，四《し》捨《しゃ》五《ご》入《にゅう》して，上から2けたのがい数で表しましょう。

	面積 (km^2)	人口 (万人)
東京都	2200	1400
神奈川県	2400	920

東京都　→　人口は，14000000人なので，人口密度《みつど》は，

$$14000000 \div 2200 = 6363.636\cdots$$

したがって，およそ6400人です。

神奈川県　→　人口は，9200000人なので，人口密度《みつど》は，

$$9200000 \div 2400 = 3833.333\cdots$$

したがって，およそ3800人です。

確《かく》認《にん》問題

解答《かいとう》 185ページ

1. 基本《きほん》問題

1 以下の問題に答えましょう。

①部屋《へや》Aの面積は12m^2で，部屋《へや》Bの面積は20m^2です。部《へ》屋《や》Aには10人，部屋《へや》Bには12人います。部屋《へや》Aと部屋《へや》Bはどちらがこんでいるでしょうか。

〔　　　　　　　　〕

②コピー機Aは1分間に30枚《まい》コピーできます。コピー機Bは10秒間に6枚《まい》コピーできます。同じ時間で多くのコピーができるのは，どちらのコピー機ですか。

〔　　　　　　　　　　〕

③自動車Aは15Lのガソリンで500km走ることができます。自動車Bは25Lのガソリンで600km走ることができます。同じガソリンの量で長いきょりを走れるのは，どちらの自動車ですか。

〔　　　　　　　　　　〕

2. 標《ひょう》準《じゅん》問題

1 以下の問題に答えましょう。

①ある自動車は7Lのガソリンで224km走ることができます。もしガソリンを30L入れたら，何km走ることができますか。

〔　　　　　　　　　　　km〕

②同じジュースが以下のように売られています。

A：500mLのペットボトル24本入り　2616円

B：2Lのペットボトル8本入り　2472円

単位量あたりのねだんがより安いのはどちらですか。

〔　　　　　　　　　　　〕

解答《かいとう》

問題 182ページ

1. 基本《きほん》問題

1 ①A　②B　③A

2. 標準《ひょうじゅん》問題

1 ①960km　②B

解説《かいせつ》 ②1本の容量《ようりょう》が異《こと》なるので，1本あたりのねだんを出してはいけません。

第12章　分数と小数，整数の関係

1．わり算と分数

2Lのお茶を，3人で同じ量ずつ分けます。

1人分は何Lになりますか。

この問題の答えを求める式は，　$2 \div 3$　です。商を小数で求めると，　$2 \div 3 = 0.666\cdots$　となり，わりきれません。

次のように，　$2 \div 3$　の商を分数で表す方法を考えましょう。

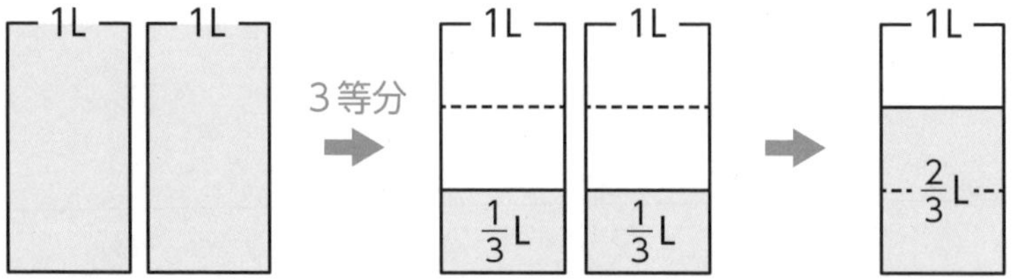

1Lを$\frac{1}{3}$にした量2つ分だから，$\frac{2}{3}$Lと考えることができます。

したがって，

$$2 \div 3 = \frac{2}{3}$$

このように，わり算の商は，分数で表すことができます。

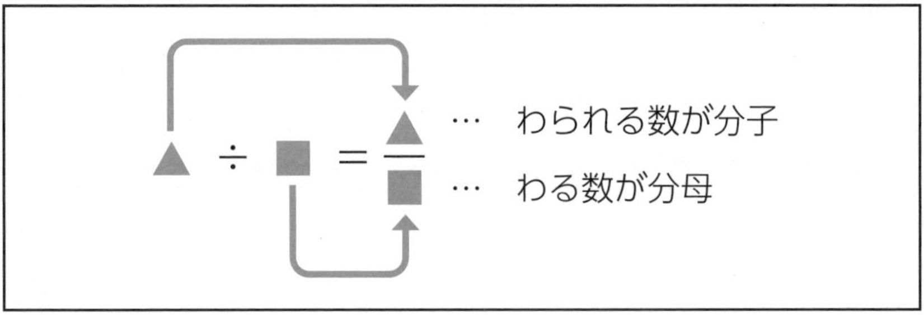

2. 分数の倍

青のリボンの長さは3m，白のリボンの長さは5mです。

白のリボンの長さは，青のリボンの長さの何倍ですか。

次の図のように，

$$5 \div 3 = \frac{5}{3} \text{(倍)}$$

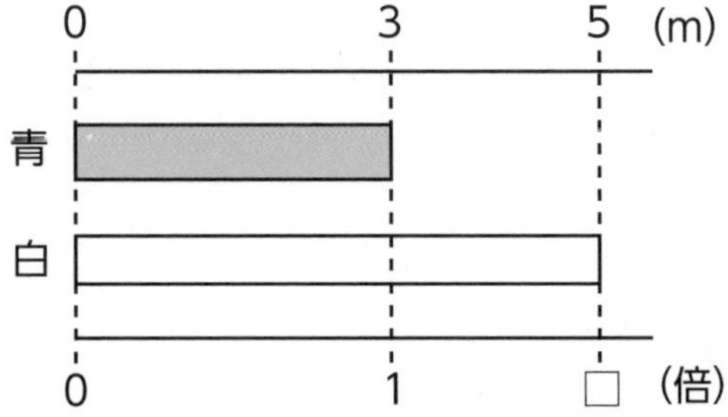

青のリボンの長さを1としたとき，白のリボンの長さは $\frac{5}{3}$ にあたる大きさになっています。

このように，何倍かを表すときも，分数を使うことがあります。

3. 分数と小数，整数の関係

次の分数を，小数で表しましょう。

① $\frac{7}{4}$　　② $3\frac{1}{5}$

分数を小数で表すには，分子を分母でわります。

① $\frac{7}{4}$

$$\frac{7}{4} = 7 \div 4$$
$$= 1.75$$

② $3\frac{1}{5}$

$3\frac{1}{5} = \frac{16}{5}$ なので，

$$\frac{16}{5} = 16 \div 5$$
$$= 3.2$$

次の数を，分数で表しましょう。

①0.3　　②0.17　　③9

小数は，10や100などを分母とする分数で表すことができます。

① 0.3

$0.1 = \frac{1}{10}$ なので，

$0.3 = \frac{3}{10}$

② 0.17

$0.01 = \frac{1}{100}$ なので，

$0.17 = \frac{17}{100}$

整数は，1を分母とする分数で表すことができます。

③ 9

$9 = \frac{9}{1}$

確《かく》認《にん》問題

解答《かいとう》 195ページ

1. わり算と分数

1 次の［　　］に，適切《てきせつ》なことばを入れましょう。

わり算の商は，［　①　］で表すことができます。

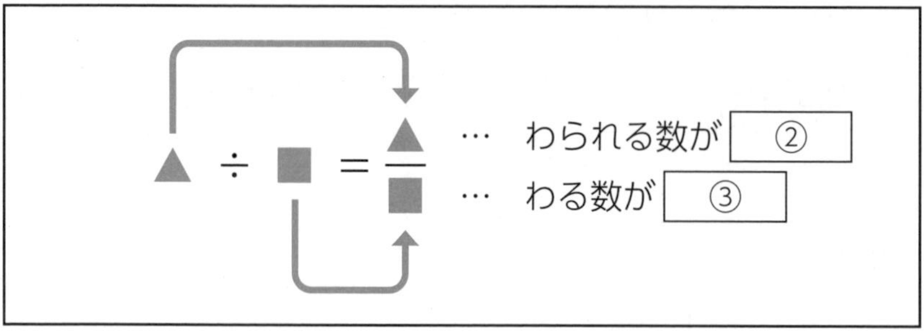

〔①　　　　　　　　〕

〔②　　　　　　　　〕

〔③　　　　　　　　〕

2 次の問いに，分数で答えましょう。

①4Lのオレンジジュースを，3人で同じ量ずつ分けます。1人分は何Lになりますか。

〔　　　　　　　　〕L

②1つしかないりんごを，2人で半分に分けます。1人分のりんごはいくつといえるでしょうか。

〔　　　　　　　　〕個《こ》

③10個《こ》あるケーキを，クラスメイト全員で同じ量ずつ分けます。クラスメイトが30人の場合，1人あたり何《なん》個《こ》分のケーキが食べられるでしょうか。

〔　　　　　　　　〕個《こ》

2. 分数の倍

1 次の問いに，分数で答えましょう。

①黒のテープの長さは7m，白のテープの長さは10mです。黒のテープの長さは，白のテープの長さの何倍ですか。

〔　　　　　　　　〕倍

②東京スカイツリーの高さは634m，東京タワーの高さは333mです。東京タワーの高さは，東京スカイツリーの高さの何倍ですか。

〔　　　　　　　　〕倍

③たかしさんの体重は35kgです。たかしさんのお父さんの体重は61kgです。たかしさんのお父さんの体重は，たかしさんの何倍ですか。

〔　　　　　　　　〕倍

3．分数と小数，整数の関係

1 次の［　　］に，適切《てきせつ》なことばや数を入れましょう。

分数を小数で表すには，［　①　］を［　②　］でわります。

小数は，［　③　］や［　④　］などを分母とする分数で表すことができます。

整数は，［　⑤　］を分母とする分数で表すことができます。

〔①　　　　　　〕

〔②　　　　　　〕

〔③　　　　　　〕

〔④　　　　　　〕

〔⑤　　　　　　〕

2 次の分数を，小数や整数で表しましょう。

① $\frac{3}{4}$

〔　　　　　　　　〕

② $\frac{1}{2}$

〔　　　　　　　　〕

③ $3\frac{1}{10}$

〔　　　　　　　　〕

④ $\frac{21}{3}$

〔　　　　　　　　〕

3 次の小数や整数を，分数で表しましょう。

①0.2

〔　　　　　　　　〕

②0.81

〔　　　　　　　　〕

③6

〔　　　　　　　　〕

解《かい》答《とう》

問題 190ページ

1. わり算と分数

1 ①分数　②分子　③分母

2 ① $\frac{4}{3}$ (L)　② $\frac{1}{2}$ (個《こ》)　③ $\frac{1}{3}$ (個《こ》)

2. 分数の倍

1 ① $\frac{7}{10}$ (倍)　② $\frac{333}{634}$ (倍)　③ $\frac{61}{35}$ (倍)

3. 分数と小数，整数の関係

1 ①分子　②分母　③100　④10　⑤1

(③，④は10の倍数であればよい)

2 ①0.75　②0.5　③3.1　④7

3 ① $\frac{1}{5}$　② $\frac{81}{100}$　③ $\frac{6}{1}$

第13章 割合《わりあい》

1. 割合《わりあい》の求め方

バスに12人の乗客がいます。定員は20人です。

乗客は，定員の何倍ですか。

次の図のように，

12 ÷ 20 = 0.6（倍）

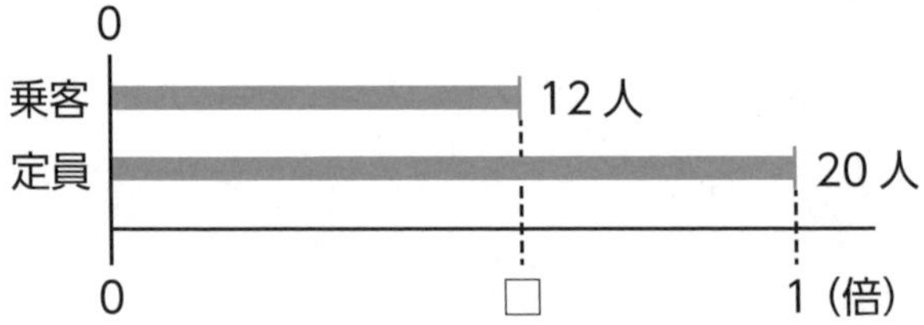

もとにする量（定員）を1としたとき，比《くら》べる量（乗客）がどれだけにあたるかを表した数を，**割合《わりあい》**といいます。

割合《わりあい》 = 比《くら》べる量 ÷ もとにする量

2. 比《くら》べる量の求め方

花だんに，花が40本さいています。白い花は，全体の0.25倍です。

白い花は何本さいていますか。

次の図のように，

40 × 0.25 = 10（本）

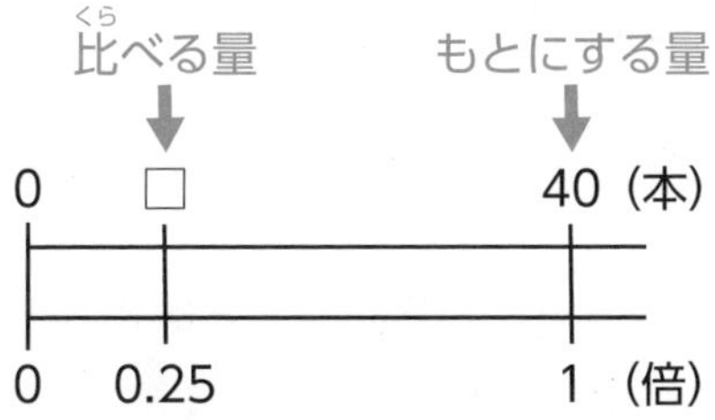

比《くら》べる量 ＝ もとにする量 × 割合《わりあい》

3. もとにする量の求め方

ゆきさんの家の庭に，赤い花が24本さいています。これは，庭にさいている花全体の0.4倍にあたります。庭にさいている花は全部で何本ですか。

次の図のように，もとにする量を □ 本とすると，

$\square \times 0.4 = 24$

$\square = 24 \div 0.4$

$= 60$

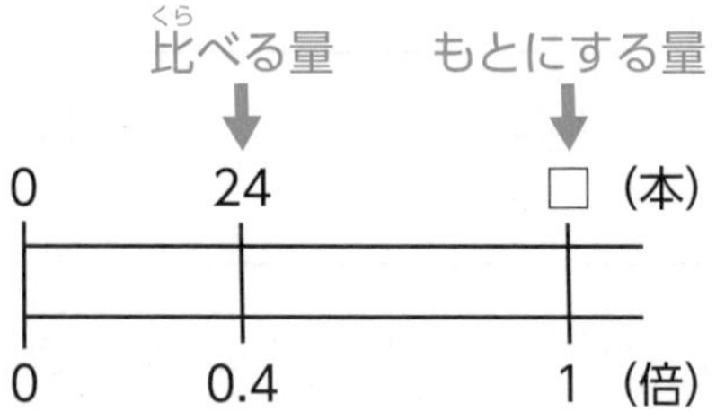

したがって，60本です。

もとにする量 ＝ 比《くら》べる量 ÷ 割合《わりあい》

4. 百分率《ひゃくぶんりつ》

割合《わりあい》を表す数0.01を**1パーセント**といい，

1%と書きます。

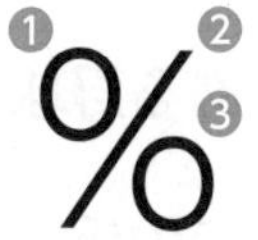

%の書き順

パーセントを使って表した割合《わりあい》を，**百分率《ひゃくぶんりつ》**

といいます。

> **次の小数や整数で表した割合《わりあい》を，百分率《ひゃくぶんりつ》で表しましょう。**
>
> **①0.02　　②0.7　　③0.497　　④3**

0.01＝1%です。

①0.02＝2%

0.1＝10%です。

②0.7＝70%　　③0.497＝49.7%

1＝100%です。

④3＝300%

参考

割《わり》，分，厘《りん》を使って表した割合《わりあい》を，歩合《ぶあい》といいます。

割合《わりあい》を表す数	1	0.1	0.01	0.001
百分率《ひゃくぶんりつ》	100%	10%	1%	0.1%
歩合《ぶあい》	10割《わり》	1割《わり》	1分	1厘《りん》

5. 割合《わりあい》を使って

ある野球チームが，25試合して16試合勝ちました。このチームが勝った試合の割合《わりあい》を，百分率《ひゃくぶんりつ》で表しましょう。

もとにする量は25試合，比《くら》べる量は16試合です。

したがって，

16÷25＝0.64

0.64　→　64%

セーターを，もとのねだんの15%引きで買ったところ，代金は3825円でした。もとのねだんは何円ですか。

$1-0.15=0.85$　より，代金は，もとのねだんの0.85倍にあたります。

もとのねだんを□円とすると，

$$\square \times 0.85 = 3825$$

$$\square = 3825 \div 0.85$$

$$= 4500$$

したがって，4500円です。

確《かく》認《にん》問題

解答《かいとう》 210ページ

1. 割合《わりあい》の求め方

1 次の問いに答えましょう。

①定員40人のバスに，12人の乗客がいます。乗客は，定員の何倍ですか。

〔　　　　　　　〕倍

②バスケットボールクラブの定員は20人です。希望者が33人集まりました。希望者は定員の何倍ですか。

〔　　　　　　　〕倍

2. 比《くら》べる量の求め方

1 次の問いに答えましょう。

①花だんに，花が60本さいています。赤い花は，全体の0.4倍です。赤い花は何本さいていますか。

〔　　　　　　　　〕本

②たろうさんはお金を1200円持っています。弟のじろうさんが持っているお金は，たろうさんの0.55倍です。じろうさんは何円のお金を持っていますか。

〔　　　　　　　　〕円

③去年180円だった野菜が，今年《ことし》1.3倍に上がっています。今年《ことし》のねだんは何円ですか。

〔　　　　　　　　〕円

3. もとにする量の求め方

1 次の問いに答えましょう。

①花だんに，白い花が80本さいています。これは，庭にさいている花の0.2倍です。

庭にさいている花は全部で何本ですか。

〔　　　　　　　　　　〕本

②かすみさんは宿題のプリントを4枚《まい》終わらせました。これは，宿題のプリント全部の0.4倍にあたります。

宿題のプリントは全部で何枚《なんまい》ですか。

〔　　　　　　　　　　〕枚《まい》

③たろうさんが買い物をしたところ，さいふの中に320円残りました。320円は，たろうさんが買い物をする前に持っていた金額《きんがく》の0.8倍です。

たろうさんは何円の買い物をしましたか。

〔　　　　　　〕円

4. 百分率《ひゃくぶんりつ》

1 次の□に，適切《てきせつ》なことばを入れましょう。

割合《わりあい》を表す数0.01は，百分率《ひゃくぶんりつ》で［　①　］といい，［　②　］と書きます。

〔①　　　　　　　　〕

〔②　　　　　　　　〕

2 次の小数や整数で表した割合《わりあい》を，百分率《ひゃくぶんりつ》で表しましょう。

①0.04

〔　　　　　　　　〕

②0.9

〔　　　　　　　　〕

③0.743

〔　　　　　　　　〕

④5

〔　　　　　　　　〕

⑤2.43

〔　　　　　　　　〕

3 次の百分率《ひゃくぶんりつ》で表した割合《わりあい》を小数で表しましょう。

①3%

〔　　　　　　　　〕

②70%

〔　　　　　　　　〕

③16.5%

〔　　　　　　　　〕

④421%

〔　　　　　　　　〕

⑤12.34%

〔　　　　　　　　〕

5. 割合《わりあい》を使って

1 次の問いに答えましょう。

①わかば小学校の全校児童数は625名で，そのうち5年生は100名です。

5年生が全校児童にしめる割合《わりあい》を，百分率《ひゃくぶんりつ》で表しましょう。

〔　　　　　　　　〕

②とうふのねだんが10%値上《ねあ》がりし，88円になりました。

値上《ねあ》がりする前のとうふのねだんは何円ですか。

〔　　　　　　　　〕円

③かすみさんは，2200円のかさを買うことにしました。
このかさに消費《しょうひ》税《ぜい》が10％かかったとき，しはらう金額《きんがく》はいくらになりますか。

〔　　　　　　　　〕円

④塩水が300gあります。この塩水には，塩が12％ふくまれています。
塩水にふくまれている塩は何gですか。

〔　　　　　　　　〕g

⑤たろうさんは，3500円のリュックサックを30％引きで買いました。
たろうさんがしはらったリュックサックの代金はいくらですか。

〔　　　　　　　　〕円

解《かい》 答《とう》

問題 202ページ

1. 割合《わりあい》の求め方

1 ①0.3 (倍)　②1.65 (倍)

2. 比《くら》べる量の求め方

1 ①24 (本)　②660 (円)　③234 (円)

解《かい》説《せつ》 ①比《くら》べる量はもとにする量×割合《わりあい》なので，40 (本) × 0.6 = 24 (本)

3. もとにする量の求め方

1 ①400 (本)　②10 (枚《まい》)　③80 (円)

解《かい》説《せつ》 ①もとにする量は比《くら》べる量÷割合《わりあい》なので80 (本) ÷ 0.2 = 400 (本)

③買い物をした金額《きんがく》は，買い物をする前に持っていた金額《きんがく》－買い物をした後に持っている金額《きんがく》です。買い物をする前に持っていた金額《きんがく》は，320 (円) ÷ 0.8 = 400 (円) です。よって，400 (円) − 320 (円) = 80 (円)

4. 百分率《ひゃくぶんりつ》

1 ①1パーセント　②1%

2 ①4%　②90%　③74.3%　④500%　⑤243%

解《かい》説《せつ》 ③割合《わりあい》の小数第3位は，百分率《ひゃくぶんりつ》にしたとき小数第1位になります。

3 ①0.03　②0.7　③0.165　④4.21　⑤0.1234

5. 割合《わりあい》を使って

1 ①16%　②80 (円)　③2420 (円)　④36 (g)　⑤2450 (円)

解説《かいせつ》 ①100 (名) ÷ 625 (名) = 0.16なので，百分率《ひゃくぶんりつ》に直して16%

②10%値《ね》上《あ》がりしたねだんは1.1倍になります。もとにする量は比《くら》べる量÷割合《わりあい》なので，88 (円) ÷ 1.1 = 80 (円)

④12%は0.12になります。比《くら》べる量はもとにする量×割合《わりあい》なので，300 (g) × 0.12 = 36 (g)

⑤30%引きのとき，しはらった金額《きんがく》(比《くら》べる量) は100 (%) − 30 (%) = 70 (%)です。70%は0.7なので，しはらった金額《きんがく》は3500 (円) × 0.7 = 2450 (円)

第14章　円と正多角形

1　正多角形

　辺の長さがすべて等しく，角の大きさもすべて等しい多角形を**正多角形**といいます。

正三角形　　正四角形（正方形）　　正五角形

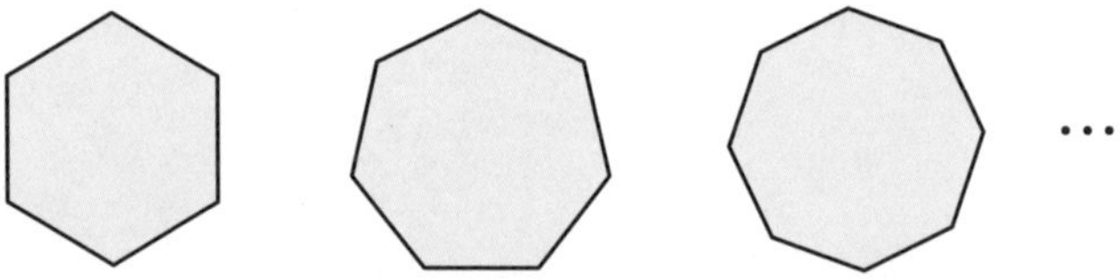

正六角形　　正七角形　　正八角形

円を利用して，正八角形をかきましょう。

　円の中心のまわりの角を8等分して半径をかきます。このとき，(あ)の角度は，

$360 \div 8 = 45°$

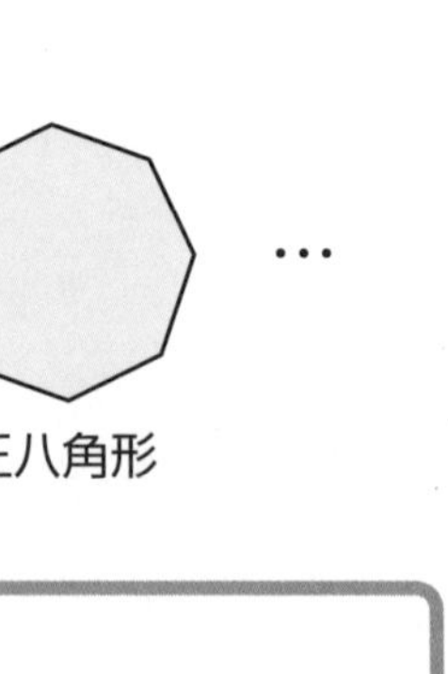

かいた半径と円が交わった点を，正八角形の頂点《ちょうてん》とします。

次のようにすると，正六角形がかけます。

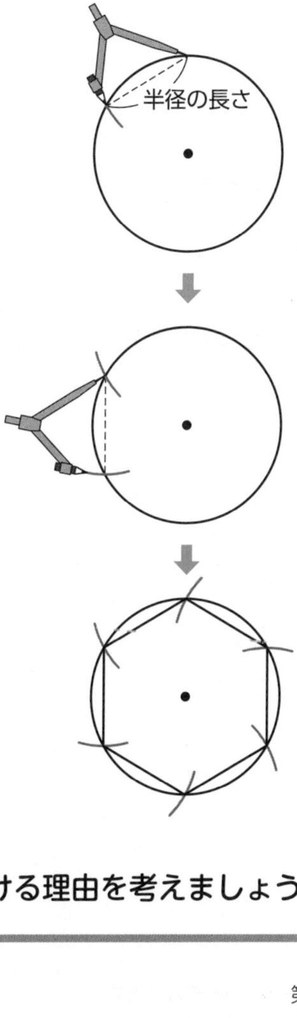

正六角形がかける理由を考えましょう。

〈考え方①〉

右の図のように，6つの合同な正三角形ができ，これらの三角形の辺の長さや角の大きさはすべて等しいからです。

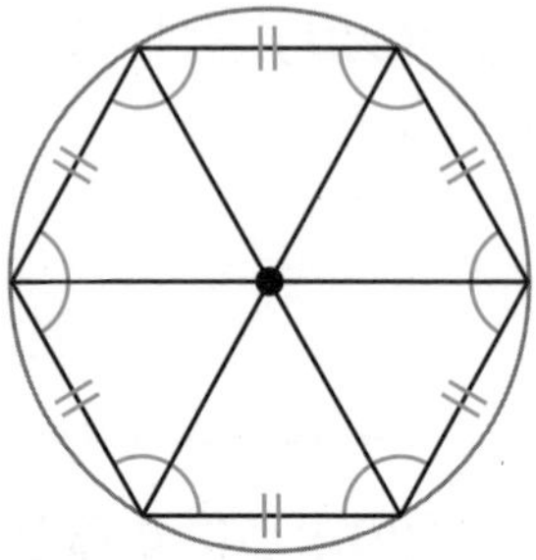

〈考え方②〉

右の図のように，6つの合同な正三角形ができ，円の中心のまわりの角の大きさがすべて60°になるからです。

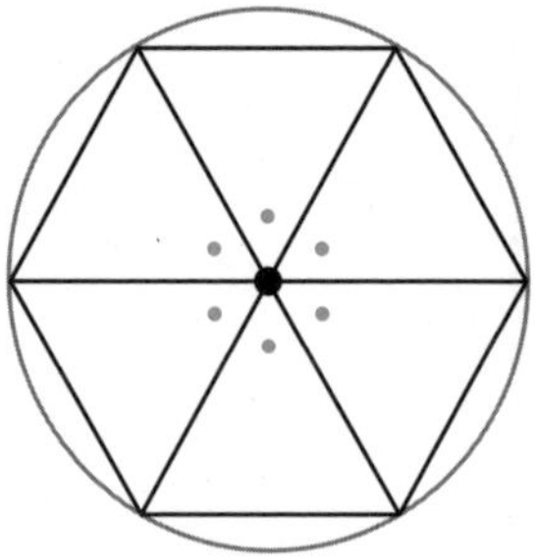

2 円周と直径

円のまわりを**円周**といいます。

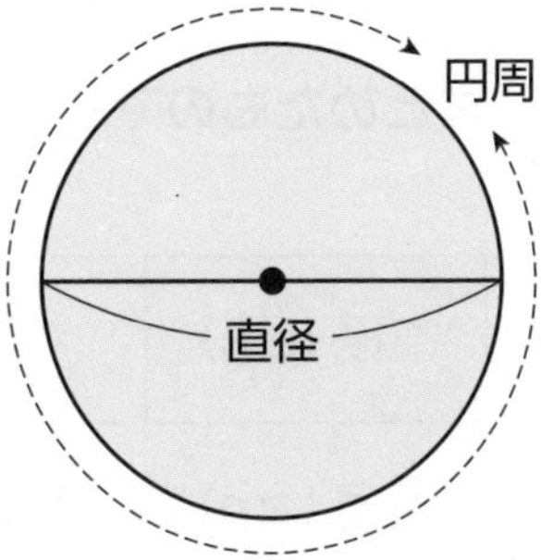

右の図は，円と正六角形を組み合わせたもので，正六角形の頂点《ちょうてん》は，円周の上にあります。
この図を使って，直径の長さと円周の長さの関係を調べましょう。

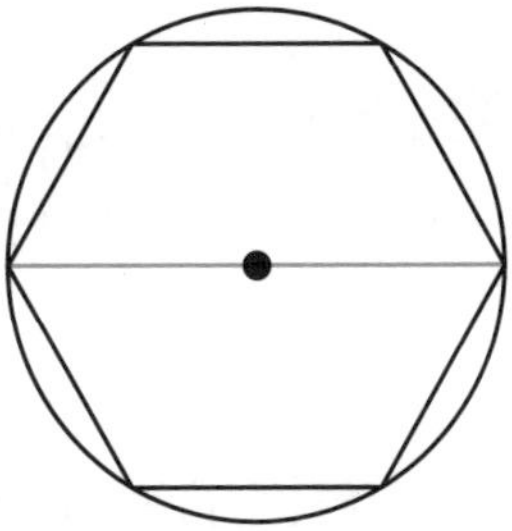

直径は，正六角形の辺の長さ２つ分です。

正六角形の辺の数は６なので，円周の長さは，直径の３倍より少し長いことがわかります。

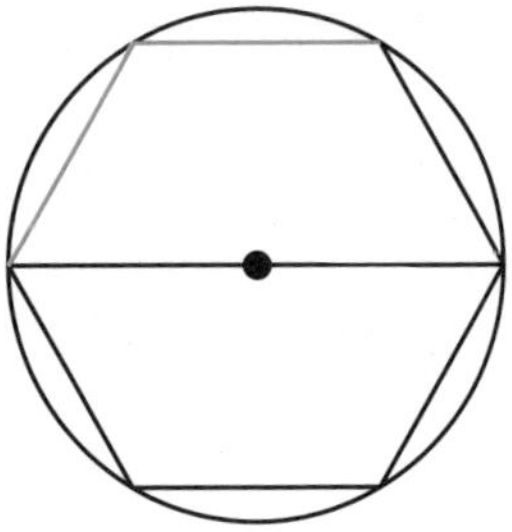

次の表は，いろいろな大きさの円の直径と円周の長さをまとめたものです。

直径 (cm)	5	6	7	8
円周 (cm)	15.7	18.8	22	25.1

円周の長さは，直径の約何倍になっていますか。答えは四捨五入《ししゃごにゅう》して $\frac{1}{100}$ の位までのがい数で答えましょう。

円周の長さが直径の約何倍になっているか，それぞれ調べると，

直径が5cmのとき　→　15.7 ÷ 5 = 3.14 (倍)

直径が6cmのとき　→　18.8 ÷ 6 = 3.133…

より，3.13 (倍)

直径が7cmのとき　→　22 ÷ 7 = 3.142…

より，3.14 (倍)

直径が8cmのとき　→　25.1 ÷ 8 = 3.1375

より，3.14 (倍)

円周の長さが，直径の何倍になっているかを表す数を**円周《えんしゅう》率《りつ》**といい，どんな大きさの円でも，円周率《えんしゅうりつ》は約3.14になっています。

円周率《えんしゅうりつ》 = 円周 ÷ 直径

直径が10cmの円の円周の長さは何cmですか。

円周率《えんしゅうりつ》＝円周÷直径　なので，円周の長さを□cmとすると，

3.14 = □ ÷ 10

□ = 10 × 3.14

= 31.4

したがって，31.4cmです。

円周 = 直径 × 円周率《えんしゅうりつ》

3 円周と比例《ひれい》

円の直径を1cm，2cm，3cm，…と変えていきます。
円周の長さはどのように変わるか調べましょう。

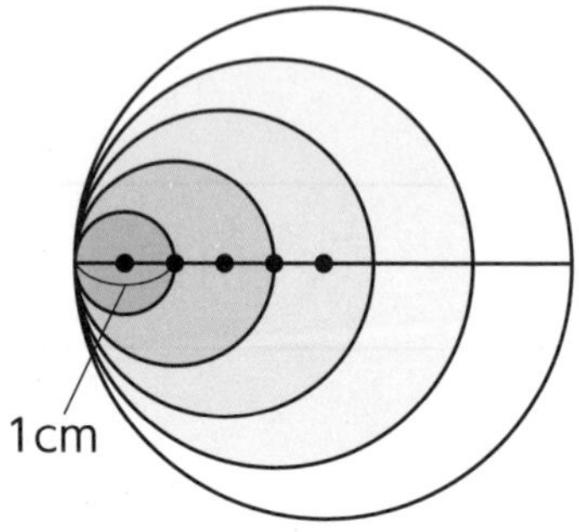

直径と円周の長さの関係を表に整理すると，次のようになります。

直径 (cm)	1	2	3	4	5	6	…
円周 (cm)	3.14	6.28	9.42	12.56	15.7	18.84	…

直径が2倍，3倍，……になると，それにともなって円周の長さも2倍，3倍，……になっています。

したがって，円周の長さは直径に比例《ひれい》しています。

確《かく》認《にん》問題　　解答《かいとう》 224ページ

1 正多角形

1 次の正多角形の名前を答えましょう。

①

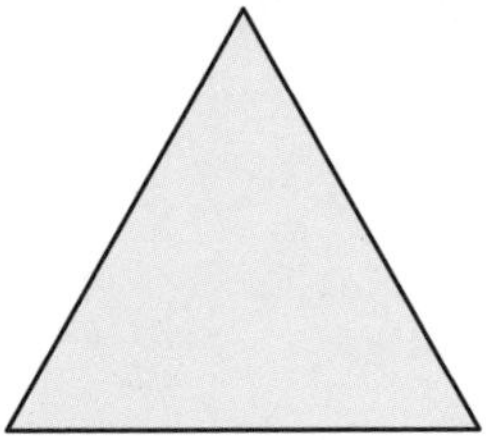

②

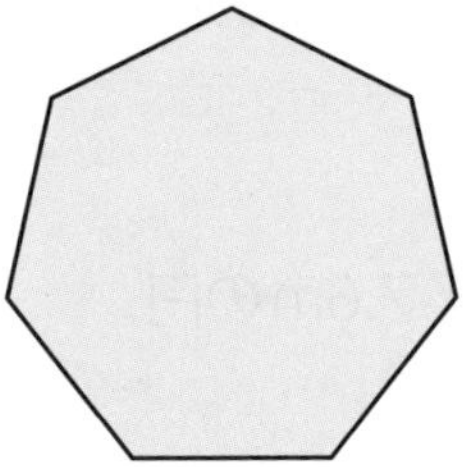

〔①　　　　　　　　②　　　　　　　　〕

2 円の中心のまわりの角を等分する方法で，次の正多角形をかきましょう。

①正五角形　　　　②正八角形

①

②

2 円周と直径

1 次の円の円周の長さを求めましょう。

①直径5cmの円　　②直径12mの円

③直径9.5mの円　　④半径4cmの円

⑤半径7.6mの円

⑥

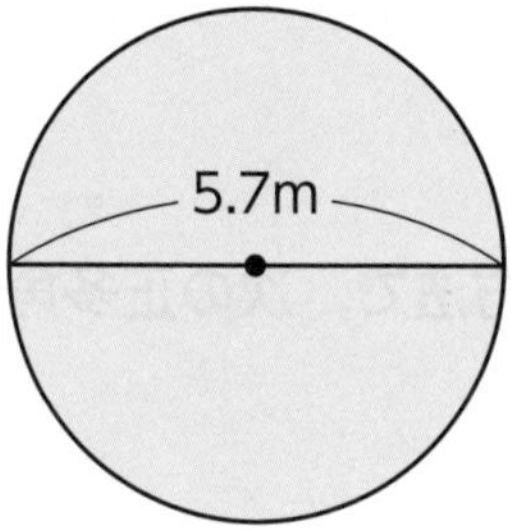

⑦

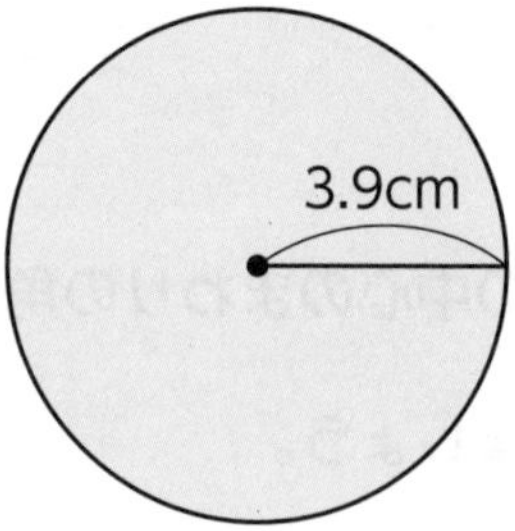

〔①　　②　　〕

〔③　　④　　〕

〔⑤　　〕

〔⑥　　⑦　　〕

2 下の図形の周囲《しゅうい》の長さを求めましょう。

①

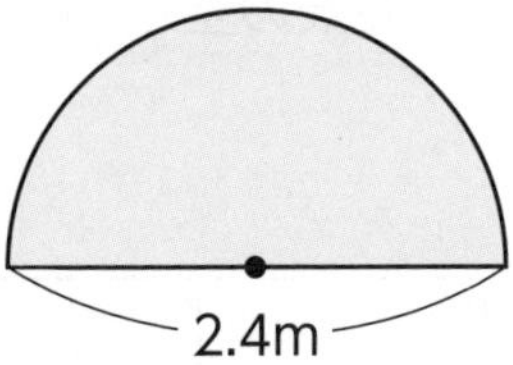

②

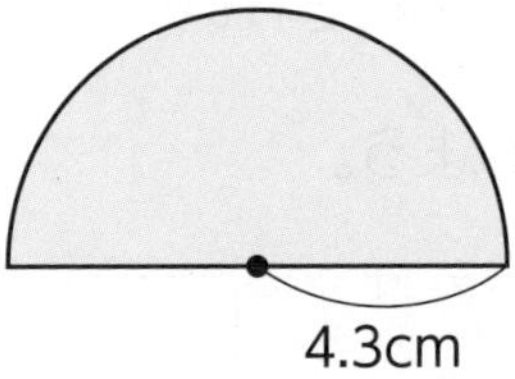

〔①　　　　　　　　　　②　　　　　　　　　　〕

3 円周と比例《ひれい》

1 円の直径と円周の長さの関係について考えます。次の問いに答えましょう。

①直径を○cm, 円周の長さを△cmとします。○と△を使って，円周の長さを求める式を立てましょう。

〔　　　　　　　　　　〕

②直径が1cm，2cm，3cm，……と変わると，円周の長さはそれぞれいくつになりますか。次の表の空らんに入れましょう。

直径 (cm)	1	2	3	4	…
円周の長さ (cm)					…

③直径が30cmのときの円周の長さを求めましょう。

〔　　　　　　　　　　〕cm

④円周の長さが62.8cmになるとき，直径は何cmですか。

〔　　　　　　　　　　〕cm

⑤直径が75cmのときの円周の長さは，直径が15cmのときの円周の長さの何倍ですか。

〔　　　　　　　　　　〕倍

解《かい》答《とう》

問題 219ページ

1　正多角形

1 ①正三角形

②正七角形

2 ①正五角形

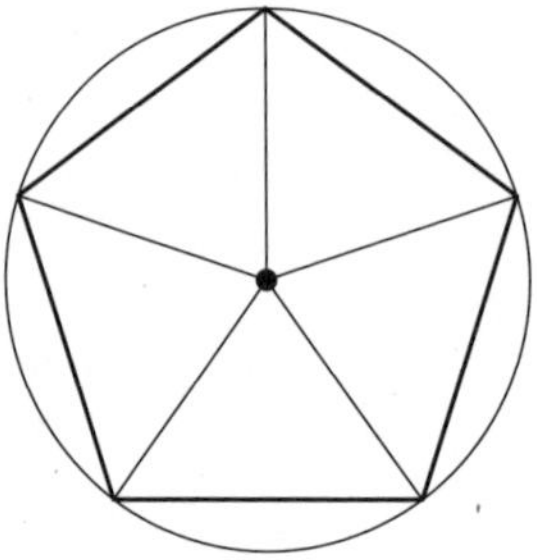

②正八角形

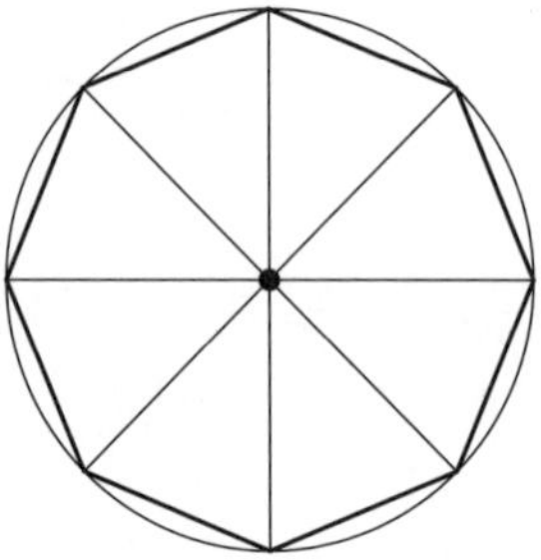

2　円周と直径

1 ① 15.7 (cm)

② 37.68 (m)

③ 29.83 (m)

④ 25.12 (cm)

⑤ 47.728 (m)

⑥ 17.898 (m)

⑦ 24.492 (cm)

2 ① 6.168 (m)

② 22.102 (cm)

3 円周と比例《ひれい》

1 ①△＝○× 3.14

②

直径 (cm)	1	2	3	4	…
円周の長さ (cm)	3.14	6.28	9.42	12.56	…

③94.2 (cm)

④20 (cm)

⑤5 (倍)

第15章 帯グラフと円グラフ

1. 帯グラフと円グラフ

下の表は，5年生250人が住んでいる町を調べて，町別の人数と割合《わりあい》をまとめたものです。

住んでいる町

町	A町	B町	C町	D町	その他	合計
人数（人）	80	60	50	25	35	250
割合《わりあい》（%）	32	24	20	10	14	100

割合《わりあい》を見やすくするために，上の表を次のようなグラフに表します。

住んでいる町

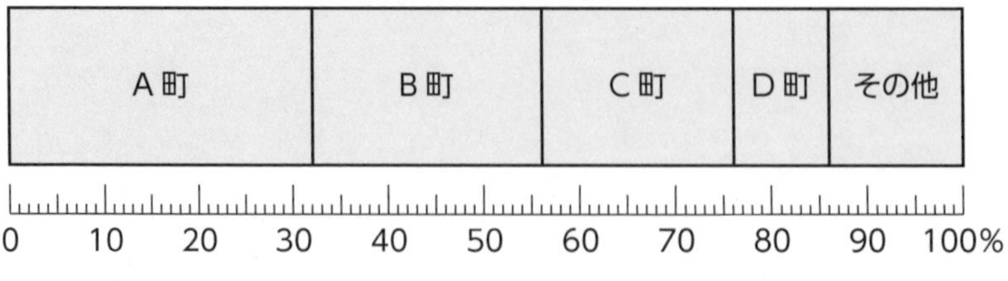

このようなグラフを**帯グラフ**といいます。

帯グラフは，全体を長方形で表し，各割合《わりあい》を直線で区切って表します。

右のようなグラフに表すこともできます。

このようなグラフを**円グラフ**といいます。

円グラフは，全体を円で表し，各割合《わりあい》を半径で区切って表します。

住んでいる町

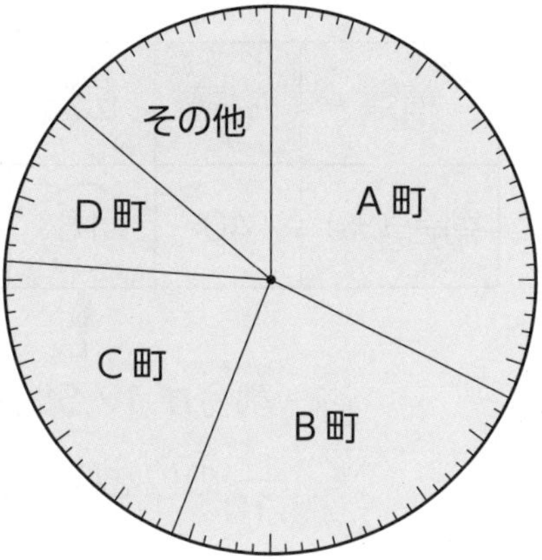

2. 帯グラフと円グラフのかき方

かよさんのクラスで，好きな本の種類を調べました。下の表は，種類ごとに人数をまとめたものです。

好きな本の種類

種類	物語	伝記	科学	図かん	その他	合計
人数（人）	16	7	6	3	8	40

この表を，帯グラフと円グラフに表しましょう。

帯グラフや円グラフは，次の手順でかきます。

①各部分の割合《わりあい》を百分率《ひゃくぶんりつ》で求める。

種類	物語	伝記	科学	図かん	その他	合計
割合《わりあい》(％)	40	18	15	8	20	101

割合《わりあい》が17.5％や7.5％になる場合は，
$\frac{1}{10}$の位を四捨五入《ししゃごにゅう》して，整数にします。

②合計が100％にならないときは，割合《わりあい》がいちばん大きい部分か「その他」の割合《わりあい》を変えて，合計が100％になるようにする。

種類	物語	伝記	科学	図かん	その他	合計
割合《わりあい》(％)	40	18	15	8	19	100

「その他」を1％減《へ》らして，
合計を100％にします。

③帯グラフではふつう左から，円グラフではふつう真上から右まわりに，割合《わりあい》が大きい順に区切っていく。

帯グラフ

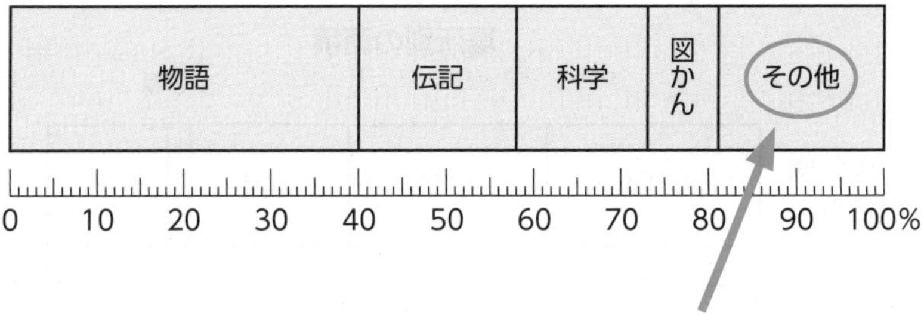

「その他」はふつう最後にかきます。

円グラフ

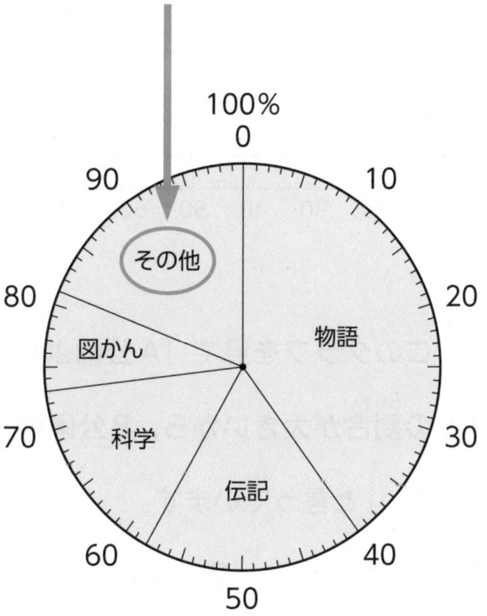

3. グラフの読み取り

次のグラフは，A公園とB公園の，場所別の面積をそれぞれ表したものです。

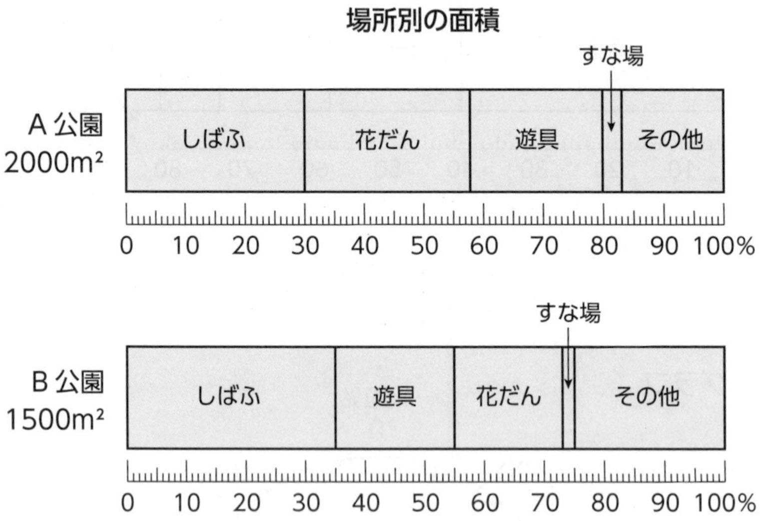

ゆみさんは，このグラフを見て「A公園よりもB公園のほうがしばふの割合《わりあい》が大きいから，B公園のしばふの面積のほうが大きい」と言っています。

この考えが正しいかどうか，答えましょう。

A公園のしばふの割合《わりあい》は30％なので，その面積は，

$2000 \times 0.3 = 600\ (m^2)$

B公園のしばふの割合《わりあい》は35％なので，その面積は，

$1500 \times 0.35 = 525\ (m^2)$

A公園のしばふの面積のほうが大きいので，ゆみさんの考えは正しくありません。

このように，もとにする面積がちがう場合は，割合《わりあい》が大きいからといって，面積も大きいとは限《かぎ》りません。

確認《かくにん》問題

解答《かいとう》 239ページ

1. 基本《きほん》問題

1 次の □ に，適切《てきせつ》なことばを入れましょう。

下の図は，5年生250人が住んでいる町を調べて，町別の割合《わりあい》をグラフにしたものです。

図1　住んでいる町

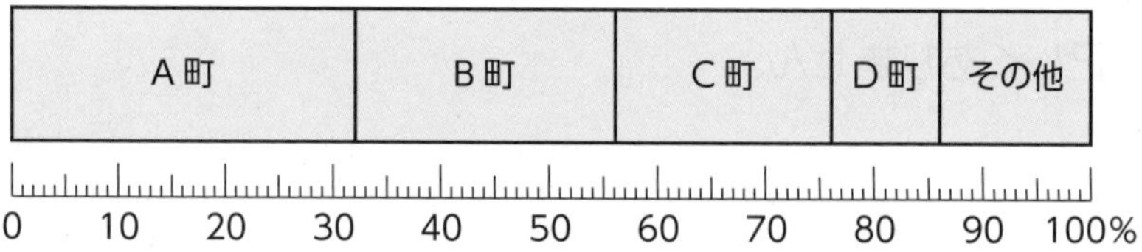

図2　住んでいる町

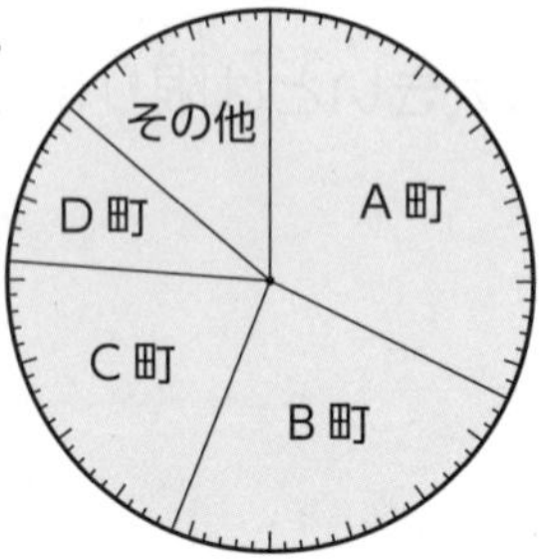

図1のように，全体を長方形で表し，直線で区切って割合《わりあい》を表したグラフを［　①　］といいます。

また，図2のように，全体を円で表し，半径で区切って割合《わりあい》を表したグラフを［　②　］といいます。

〔①　　　　　　　　　　②　　　　　　　　　　〕

2 下の表はある月にけがをした人数をけがをした場所ごとに表したものです。

場所別のけがをした人数

場所	校庭	中庭	体育館	教室	ろうか	その他	合計
人数（人）	34	18	16	9	5	18	100

①これをもとに帯グラフをかきましょう。

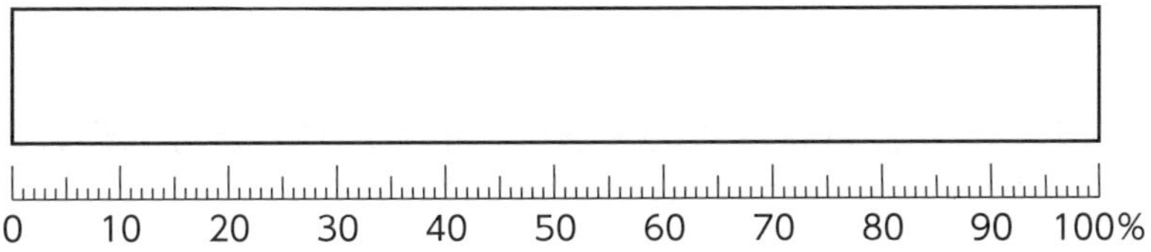

②円グラフをかきましょう。

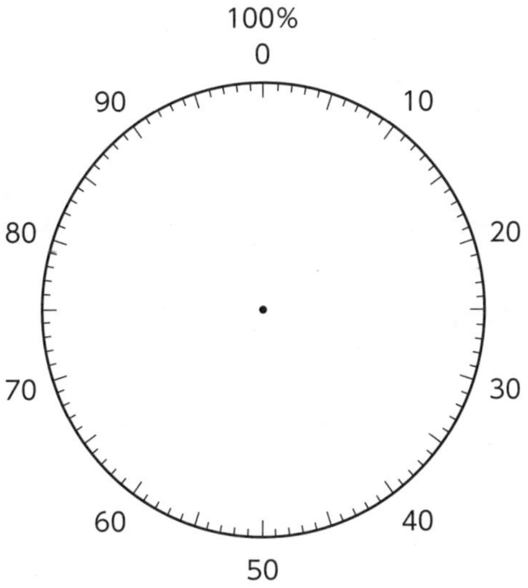

2. 標準《ひょうじゅん》問題

1 次の問いに答えましょう。

①下の帯グラフは，学校で好きな食べ物の人数を調べて，割合《わりあい》を帯グラフにしたものです。

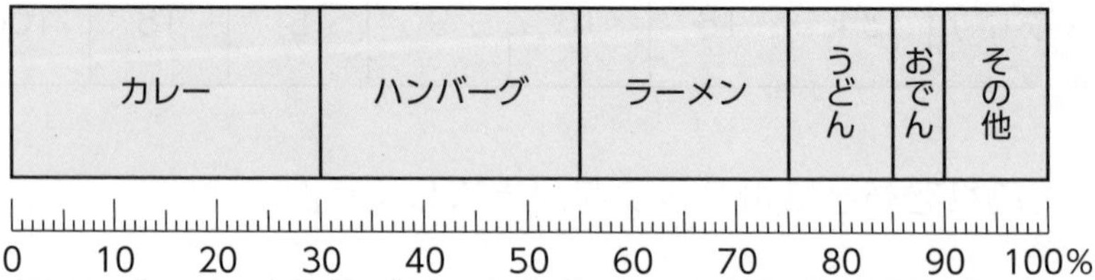

Ⓐカレーが好きな人の人数は，おでんが好きな人の人数の何倍ですか。

〔　　　　　　〕

Ⓑハンバーグが好きな人とラーメンの好きな人をあわせると，全体の何％ですか。

〔　　　　　　〕

②次のことがらを表すには，㋐～㋒のどのグラフがよいですか。

㋐ぼうグラフ　　㋑円グラフ　　㋒折れ線グラフ

Ⓐ都道府県別のぶどうのしゅうかく割合《わりあい》

〔　　　　　　　〕

Ⓑ月ごとにしゅうかくできたぶどうの量の変わり方

〔　　　　　　　〕

2 下の図は，クラスでいちばん好きな教科の人数を調べて，その割合《わりあい》をグラフにしたものです。

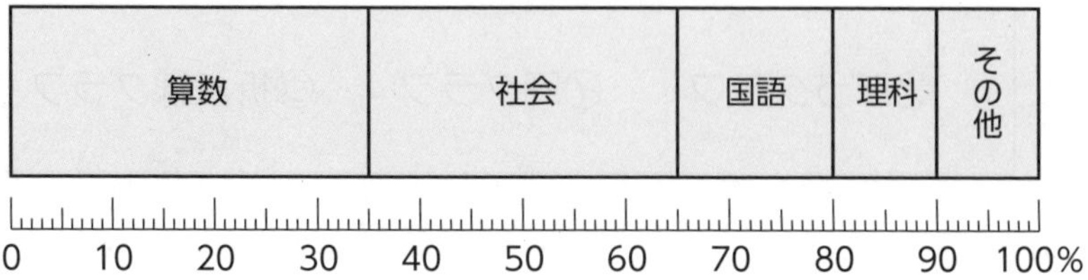

①社会が好きな人の割合《わりあい》は全体の何％にあたりますか。

〔　　　　　　　　〕

②算数が好きな人の人数は，理科が好きな人の人数の何倍ですか。

〔　　　　　　　　〕

③算数が好きな人は14人です。このクラスの人数は何人ですか。また，国語が好きな人の人数は何人ですか。

クラスの人数〔　　　　　　　　〕

国語が好きな人の人数〔　　　　　　　　〕

3 下の表はある学校で好きなくだものの人数を調べて，表したものです。小数第１位を四《し》捨《しゃ》五入《ごにゅう》して割合《わりあい》を求め，表を完成させましょう。また，人数の割合《わりあい》を帯グラフと円グラフに表しましょう。ただし，割合《わりあい》の合計が 100 にならないときは，「その他」を調整することとします。

好きなくだものの人数

	いちご	メロン	りんご	みかん	なし	その他	合計
人数（人）	84	60	45	28	18	40	275
割合《わりあい》（%）							

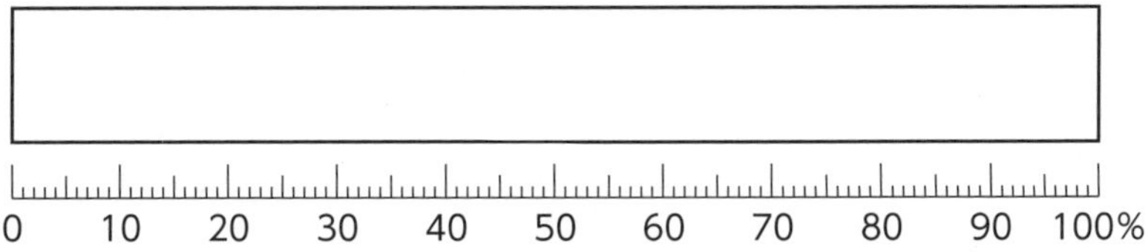

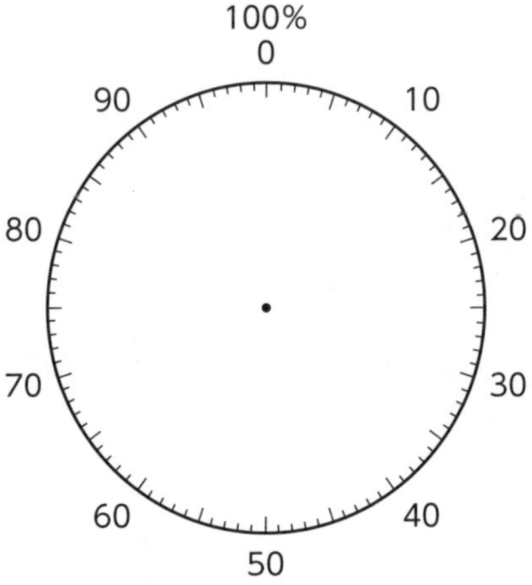

4 下のグラフはある学年の児童の血液型《けつえきがた》を種類別に表したものです。

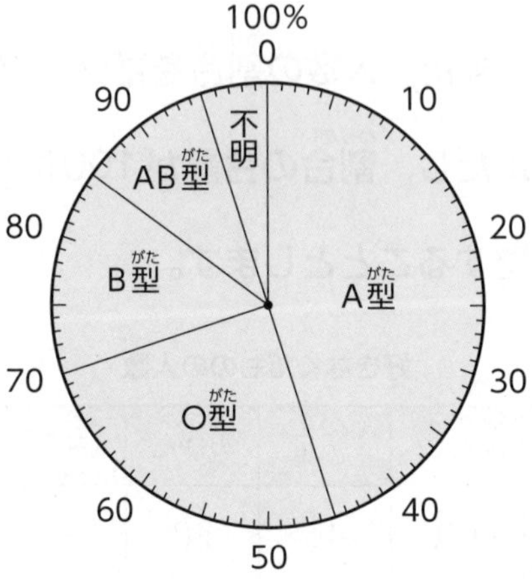

①A型《がた》の児童の割合《わりあい》は何%ですか。

〔　　　　　　　〕

②O型《がた》の児童の人数は，全体の何分の１ですか。

〔　　　　　　　〕

③A型《がた》の児童の人数は，B型《がた》の人数の何倍になっていますか。

〔　　　　　　　〕

解《かい》答《とう》

問題 232ページ

1. 基本問題《きほん》

1 ①帯グラフ　　②円グラフ

解説《かいせつ》 どちらのグラフも，全体と部分の割合《わりあい》，部分と部分の割合《わりあい》がよくわかるようになっています。

2 ①

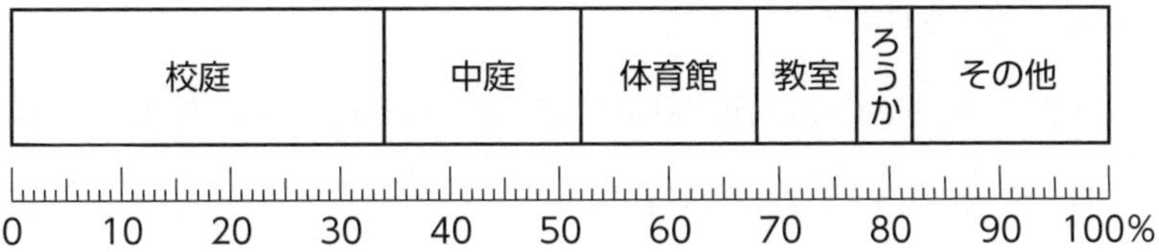

②

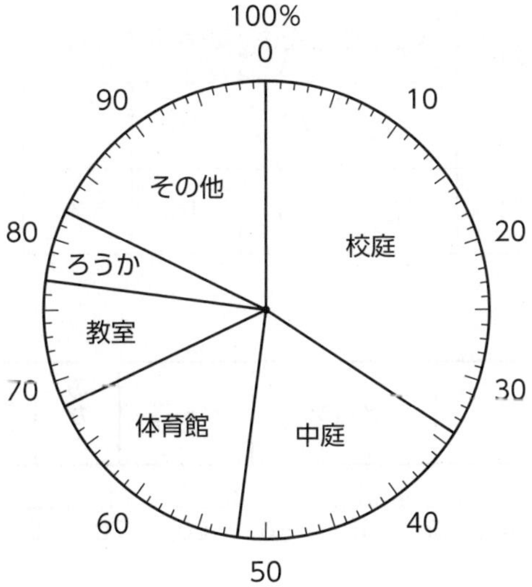

2. 標準《ひょうじゅん》問題

1 ①Ⓐ6倍　　Ⓑ45%

②Ⓐ㋑　　Ⓑ㋒

解《かい》説《せつ》 ①Ⓐカレーが好きな人は30%，おでんが好きな人は5%なので，30÷5＝6。よって，カレーが好きな人の人数は，おでんが好きな人の人数の6倍です。

Ⓑハンバーグが好きな人は25%，ラーメンが好きな人は20%なので，25＋20＝45。よって，ハンバーグが好きな人とラーメンの好きな人をあわせると，全体の45%となります。

②円グラフは割合《わりあい》の多い順に対して，割合《わりあい》を比《くら》べるのに向いており，折れ線グラフは，変化を表すのに向いています。

2 ①30%　　②3.5倍

③クラスの人数40人　国語が好きな人の人数6人

3

	いちご	メロン	りんご	みかん	なし	その他	合計
人数（人）	84	60	45	28	18	40	275
割合《わりあい》（%）	31	22	16	10	7	14	100

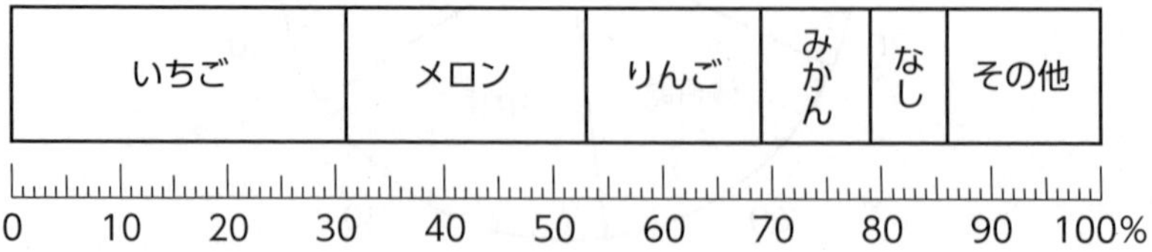

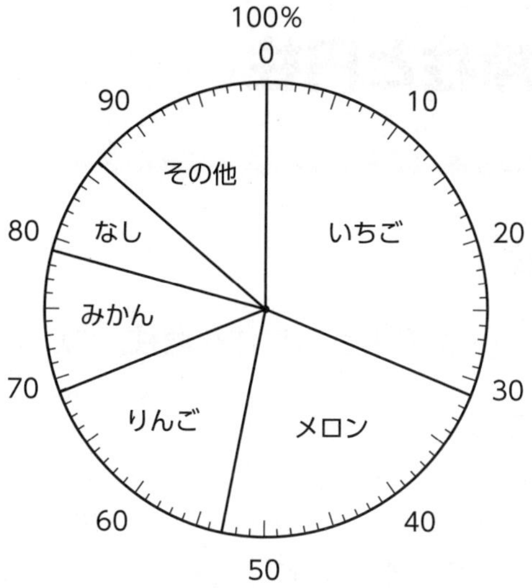

解《かい》説《せつ》 それぞれの割合《わりあい》は，四捨《ししゃ》五入《ごにゅう》して百分率《ひゃくぶんりつ》に直します。百分率《ひゃくぶんりつ》の合計が100%にならないときは，問題で指定がなければいちばん大きな部分か「その他」の割合《わりあい》を変えます。

4 ①45%　②$\frac{1}{4}$　③3倍

解《かい》説《せつ》 ②O型《がた》の割合《わりあい》は25%なので，分数で表すと$\frac{1}{4}$になります。

③B型《がた》の割合《わりあい》は15%なので，45÷15＝3（倍）

第16章 角柱と円柱

1. 角柱と円柱

下の図で，㋐～㋒のような立体を**角柱**，㋓，㋔のような立体を**円柱**といいます。

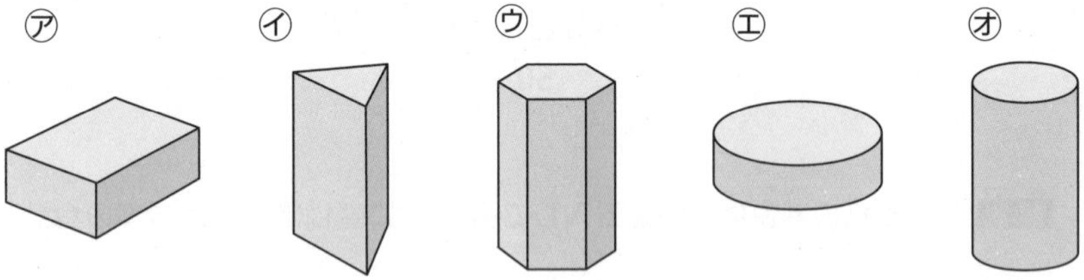

角柱や円柱の上下に向かい合った2つの面を**底面**，まわりの面を**側面**といいます。

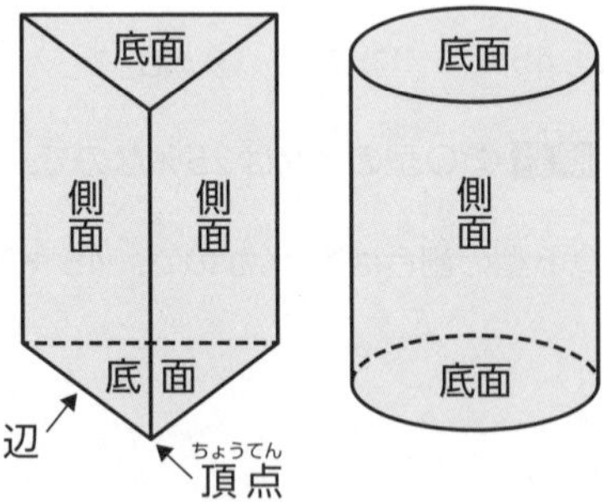

また，角柱や円柱の底面に垂直《すいちょく》な直線で，一方の底面からもう一方の底面までの部分の長さを**高さ**といいます。

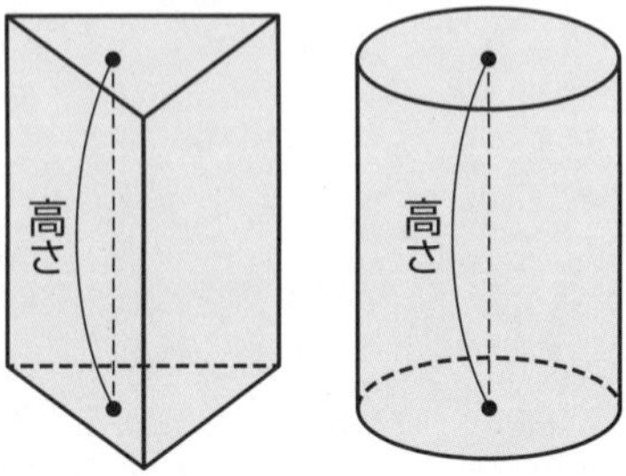

角柱の性質

・底面が三角形，四角形，五角形，六角形，…の角柱を，それぞれ三角柱，四角柱，五角柱，六角柱，…という。

・2つの底面は平行で，合同な多角形である。

・側面は長方形や正方形で，底面と垂直《すいちょく》に交わっている。

・側面，頂点《ちょうてん》，辺の数は下の表のようになっている。

	三角柱	四角柱	五角柱	六角柱
側面の数	3	4	5	6
頂点《ちょうてん》の数	6	8	10	12
辺の数	9	12	15	18

円柱の性質

・2つの底面は平行で，合同な円である。

・側面は曲面（平らでない面）になっている。

2. 見取図

直方体や立方体の見取図をかくときと同じように，辺の平行に気をつけてかきます。また，見えない辺は点線でかきます。

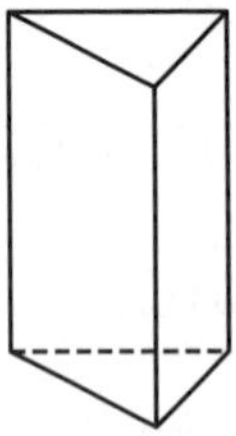

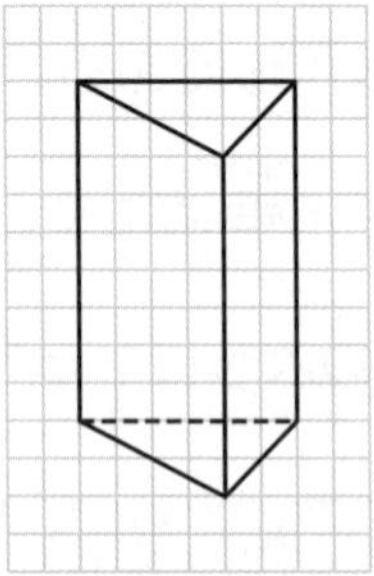

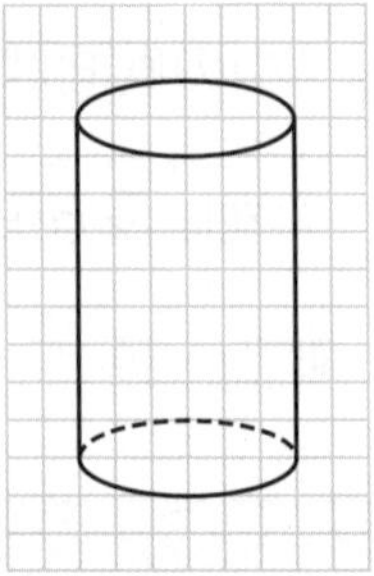

3. 角柱の展開《てんかい》図

右の立体は，底面が1辺3cmの正三角形で，高さが5cmの三角柱です。

この三角柱の展開《てんかい》図から，いろいろなことを考えましょう。

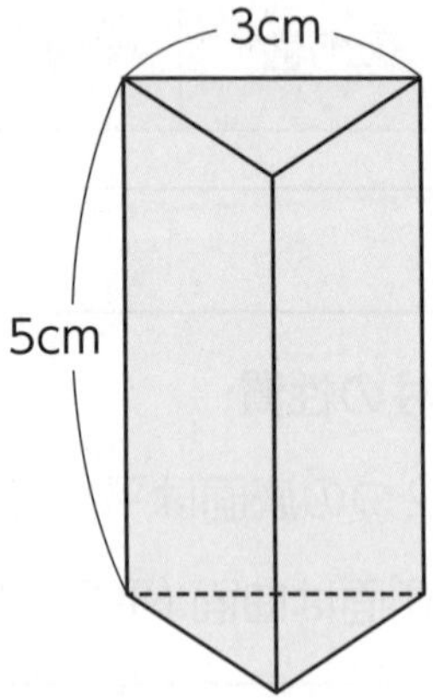

展開《てんかい》図は，右のようになります。

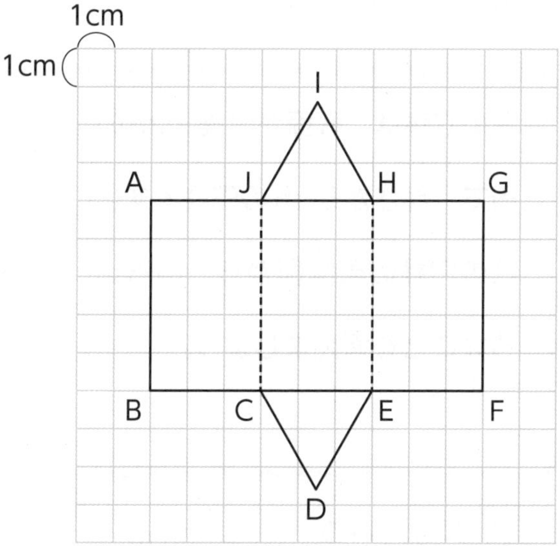

ＡＧの長さと，底面のまわりの長さの関係はどのようになっていますか。

底面のまわりの長さ＝ＩＪ＋ＪＨ＋ＨＩで，ＩＪ＝ＡＪ，ＩＨ＝ＨＧなので，ＡＧの長さと底面のまわりの長さは等しくなっています。

三角柱の高さは，展開《てんかい》図のどの部分を見ればわかりますか。

展開《てんかい》図のＡＢ（ＪＣ，ＨＥ，ＧＦ）を見ればわかります。

展開《てんかい》図を組み立てたとき，点Ｄに集まる点はどれとどれですか。

点Ｂと点Ｆが集まります。

4. 円柱の展開《てんかい》図

右の立体は，底面が半径2cmの円で，高さが5cmの円柱です。この円柱の展開《てんかい》図から，いろいろなことを考えましょう。

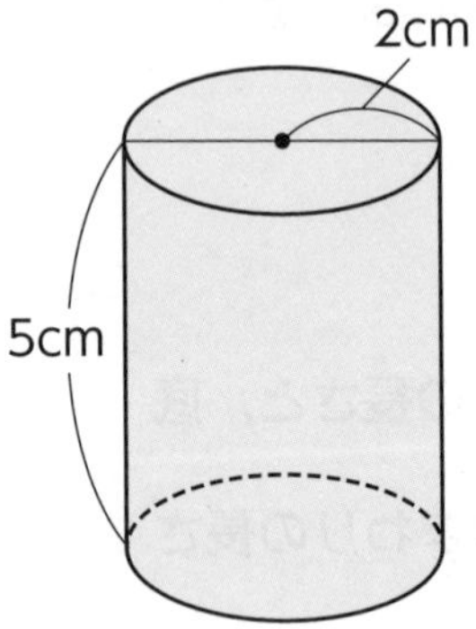

展開《てんかい》図は，右のようになります。

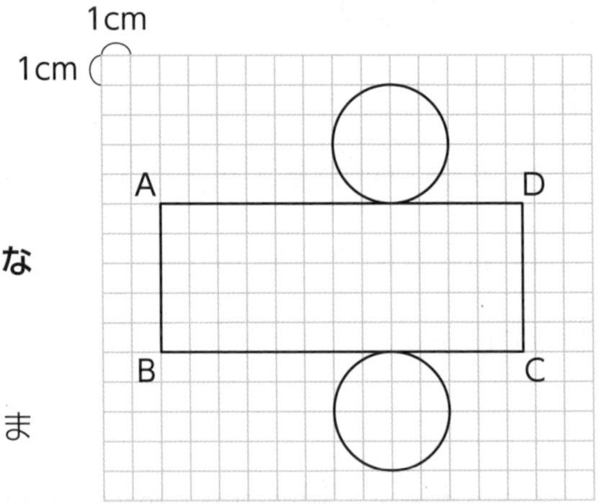

展開《てんかい》図で，側面はどんな形になっていますか。

長方形になっています。

ADの長さは何cmですか。

ADの長さは，底面の円の円周の長さと等しくなっているので，

$$2 \times 2 \times 3.14 = 12.56\ (\mathrm{cm})$$

確《かく》認《にん》問題

解答《かいとう》 255ページ

基本《きほん》問題

1 下のような三角柱の展開《てんかい》図をかきました。以下の問いに答えましょう。

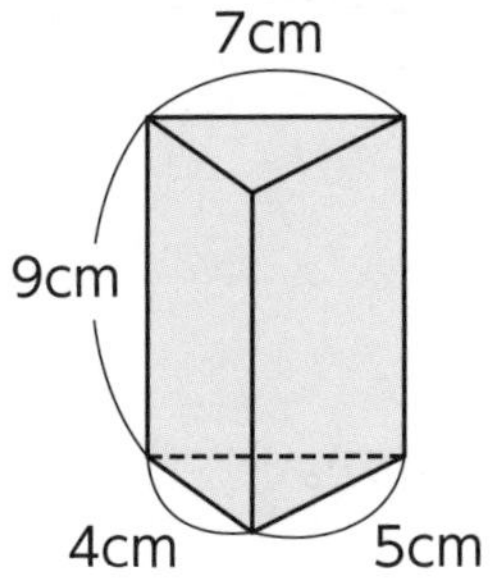

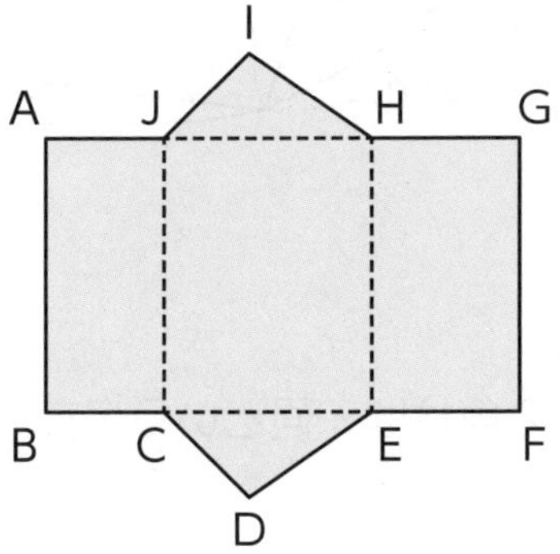

①展開《てんかい》図で，辺ＡＢの長さは何cmですか。

〔　　　　　　　　〕

②展開《てんかい》図で，辺ＡＧの長さは何cmですか。

〔　　　　　　　　〕

③展開《てんかい》図を組み立てたとき，点Gに集まる点はどれですか。

〔　　　　　　　　〕

2 下のような角柱について，以下の問いに答えましょう。

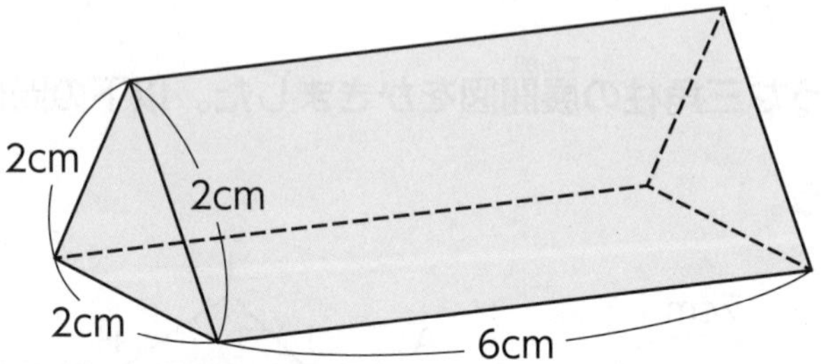

①この角柱は，何という名前の角柱ですか。

〔　　　　　　　　　　　　　　〕

②この角柱の高さは何cmですか。

〔　　　　　　　　　　　　　　〕

③この角柱の側面はどんな形ですか。

〔　　　　　　　　　　　　　　〕

3 下のような円柱の展開《てんかい》図をかきました。以下の問いに答えましょう。

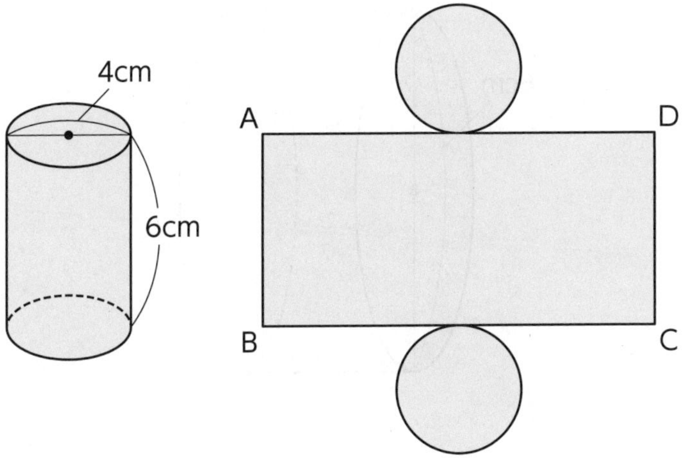

①展開《てんかい》図で，辺ＡＢの長さは何cmですか。

〔　　　　　　　　　　　　〕

②展開《てんかい》図の辺ＡＤの長さは，円柱のどこの長さと同じですか。

〔　　　　　　　　　　　　〕

③展開《てんかい》図で，辺ＡＤの長さは何cmですか。

〔　　　　　　　　　　　　〕

4 下のような円柱について，以下の問いに答えましょう。

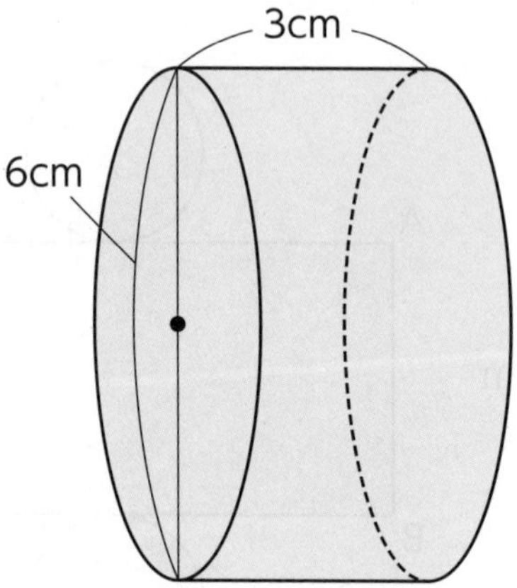

①この円柱の高さは何cmですか。

〔　　　　　　　　　　〕

②この円柱の側面は，展開《てんかい》図ではどんな形をしていますか。

〔　　　　　　　　　　〕

③底面の円周の長さは何cmですか。

〔　　　　　　　　　　〕

5 下は，ある立体の展開《てんかい》図で，面あ，いは半径の長さが 4cm の円です。以下の問いに答えましょう。

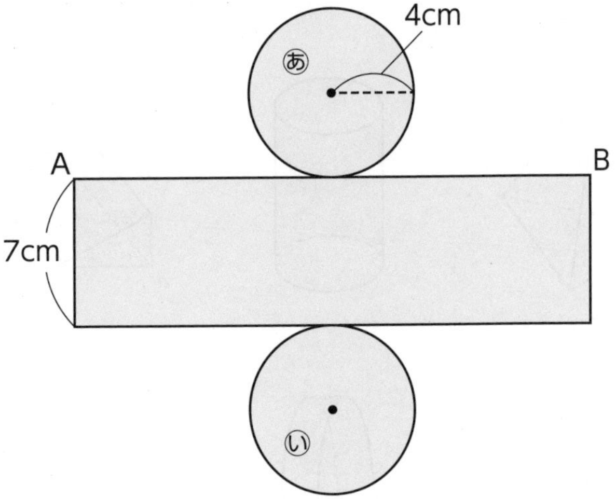

①この展開《てんかい》図を組み立てると，何という立体になりますか。

〔　　　　　　　　　　　〕

②この展開《てんかい》図を組み立ててできる立体の高さは何cmですか。

〔　　　　　　　　　　　〕

③辺ＡＢの長さは何cmですか。

〔　　　　　　　　　　　〕

6 下の立体から，角柱と円柱をすべて選び，記号で答えましょう。

(あ)

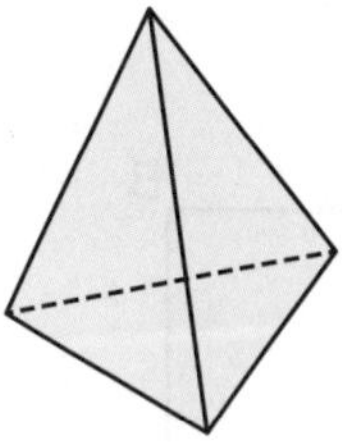

(い)

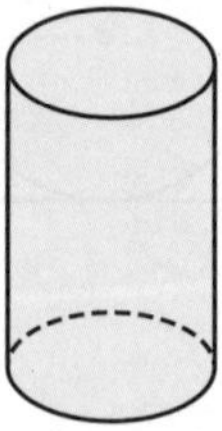

(う)

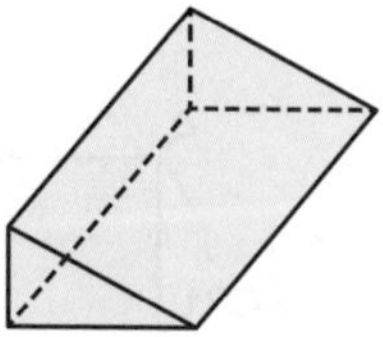

(え)

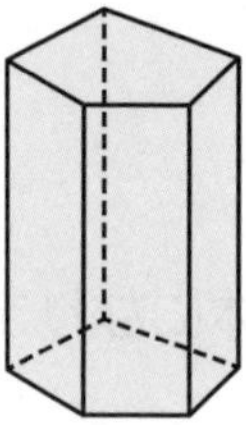

(お)

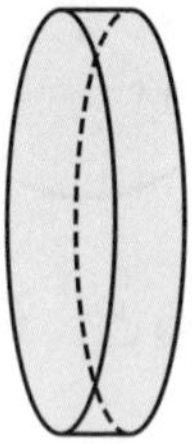

(か)

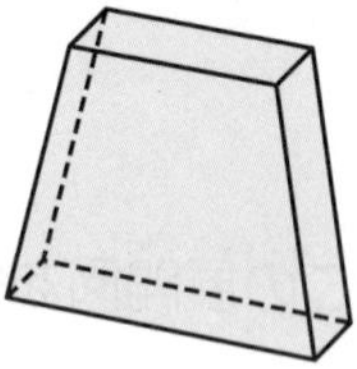

(き)

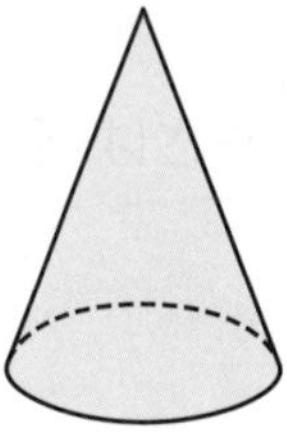

角柱〔　　　　　　　　　　〕

円柱〔　　　　　　　　　　〕

7 下のような立体を見て，以下の問いに答えましょう。

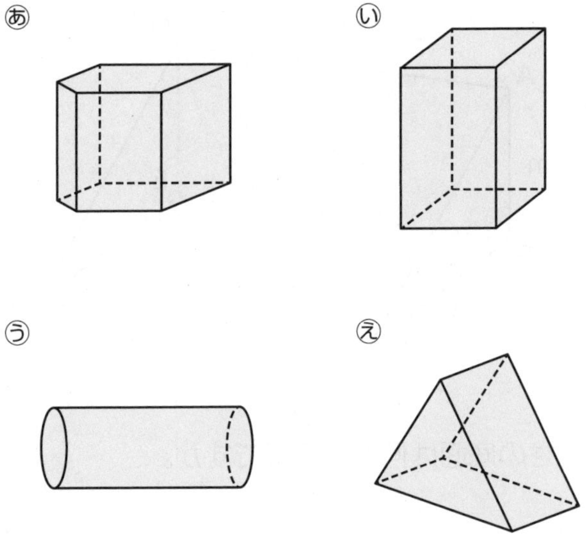

①それぞれの立体の名前を答えましょう。

〔㋐　　　　　　　　㋑　　　　　　　　〕

〔㋒　　　　　　　　㋓　　　　　　　　〕

②㋓の立体で，底面に垂直《すいちょく》になっている面の数を答えましょう。

〔　　　　　　　　〕

③側面が曲面になっている立体はどれですか。

〔　　　　　　　　〕

8 下の角柱について，次の問いに答えましょう。

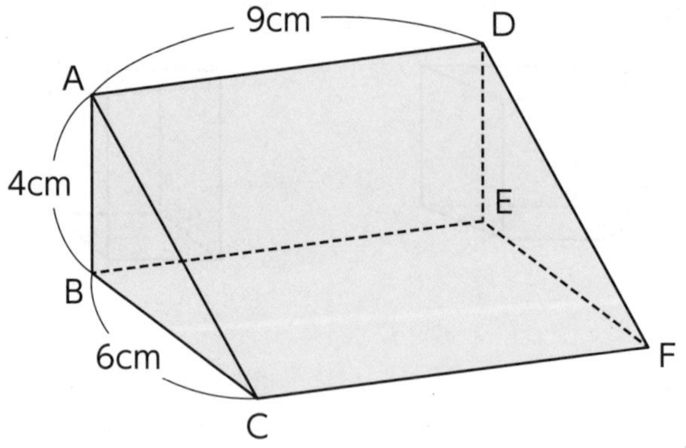

①この角柱の底面は何という形ですか。

〔　　　　　　　　　　〕

②この角柱は何という角柱ですか。

〔　　　　　　　　　　〕

③面ＡＢＣに平行な面はどれですか。

〔　　　　　　　　　　〕

④この角柱の側面はどのような形をしていますか。

〔　　　　　　　　　　〕

⑤この角柱の高さは何cmですか。

〔　　　　　　　　　　〕

⑥底面に対して垂直《すいちょく》になっている辺をすべて答えましょう。

〔　　　　　　　　　　〕

解《かい》 答《とう》

問題 247ページ

基本《きほん》問題

1 ①9cm　②16cm　③A，I

解説《かいせつ》 ②底面の三角形の3辺の長さをたしあわせます。

$4+5+7=16$ (cm)

2 ①三角柱　②6cm　③長方形

3 ①6cm　②底面の円周の長さ　③12.56cm

解説《かいせつ》 ①辺ABは円柱の高さにあたります。

③底面の円の円周の長さと辺ADは同じ長さなので，円の円周の長さを求めます。

$4 \times 3.14 = 12.56$ (cm)

4 ①3cm　②長方形　③18.84cm

解説《かいせつ》 ③$6 \times 3.14 = 18.84$ (cm)

5 ①円柱　②7cm　③25.12cm

解説《かいせつ》 ③ $(4+4) \times 3.14 = 25.12$ (cm)

6 角柱：㋒，㋓，㋕　円柱：㋑，㋔

7 ①㋐五角柱　㋑四角柱 (直方体)　㋒円柱　㋓三角柱

②3　③㋒

8 ①三角形　②三角柱　③面DEF

④長方形　⑤9cm　⑥辺AD，辺BE，辺CF (順不同)

第17章 速さ

1. 速さを求める

速さには，次の3つの表し方があります。

時速…1時間あたりに進む道のりで表した速さ

分速…1分間あたりに進む道のりで表した速さ

秒速…1秒間あたりに進む道のりで表した速さ

次の速さを求めましょう。

①180kmの道のりを3時間で進む自動車の時速

②3600mの道のりを15分で進む自転車の分速

①1時間あたりに進む道のりは,

180 ÷ 3 = 60 (km)

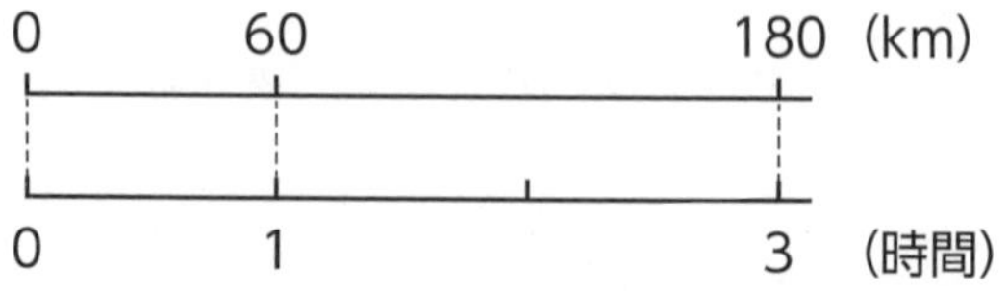

したがって，時速60kmです。

②1分間あたりに進む道のりは,

3600÷15＝240 (m)

したがって，分速240mです。

このように，速さは，次の式で求めることができます。

速さ ＝ 道のり ÷ 時間

2. 道のりを求める

時速210kmで進む新幹線《しんかんせん》があります。

この新幹線《しんかんせん》が3時間で進むことができる道のりは何kmですか。

次の図のように,

210×3＝630 (km)

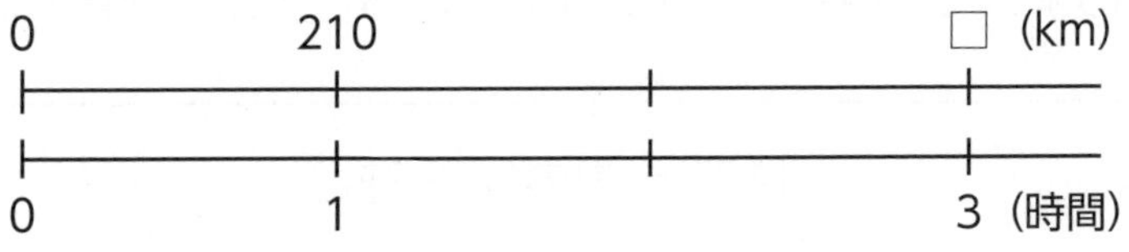

このように，道のりは，次の式で求めることができます。

道のり ＝ 速さ × 時間

3. 時間を求める

台風が時速20kmで進んでいます。

この台風が500km進むのにかかる時間は何時間ですか。

次の図のように，

500 ÷ 20 ＝ 25 (時間)

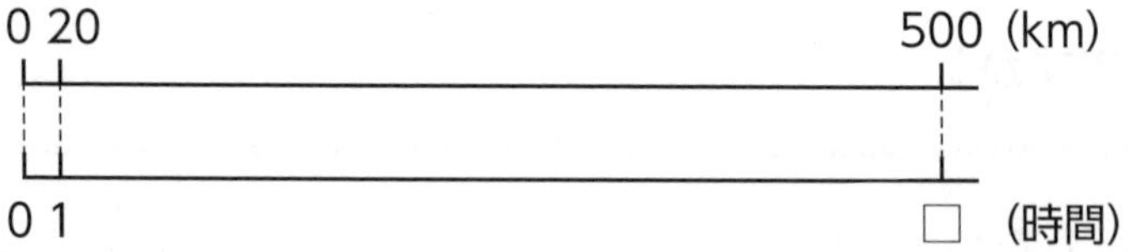

このように，時間は，次の式で求めることができます。

時間 ＝ 道のり ÷ 速さ

4. 時速，分速，秒速の関係

次の時速を分速，秒速に，分速を時速に直しましょう。

①時速126km　　②分速80m

①126km＝126000mで，1時間は60分なので，1分間で進む道のりは，

126000÷60＝2100 (m)

したがって，分速2100mです。

また，1時間は（60×60＝）3600秒なので，1秒間で進む道のりは，

126000÷3600＝35 (m)

したがって，秒速35mです。

②1時間は60分なので，1時間で進む道のりは，

80×60＝4800 (m)

4800m＝4.8kmなので，時速4.8kmです。

確《かく》認《にん》問題

解答《かいとう》 266ページ

1. 速さを比《くら》べる

1 下の表は，たかしさんとゆきさんが走った道のりとかかった時間を表しています。たかしさんとゆきさんではどちらが速いですか。次の［　　］に，適切《てきせつ》なことばや数を入れましょう。

	道のり (m)	時間 (秒)
たかしさん	300	60
ゆきさん	200	50

(1) 1秒あたりに何m走ったかを比《くら》べましょう。

たかしさん…300 ÷ 60 = ［　①　］ (m)

ゆきさん…200 ÷ 50 = ［　②　］ (m)

(2) 1mあたりに何秒かかったかを比《くら》べましょう。

たかしさん…60 ÷ 300 = [③] (秒)

ゆきさん…50 ÷ 200 = [④] (秒)

(1) と (2) から, [⑤] さんのほうが速いです。

〔① ② 〕

〔③ ④ 〕

〔⑤ 〕

2. 速さの表し方

1 次の速さを求めましょう。

①5分間で1200m進む自転車の分速

②11時間で6050km進む飛行機の時速

③9分間に630m歩く人の分速

④5時間で265km進む自動車の時速

〔①　　　　　　　　②　　　　　　　　〕

〔③　　　　　　　　④　　　　　　　　〕

2 田中さんは，マラソン大会に出場し，40分間に8400m走りました。

①田中さんは，分速何mで走りましたか。

②田中さんは，時速何mで走りましたか。

〔①　　　　　　　　②　　　　　　　　〕

3. 道のりや時間を求める

1 高速バスが時速80kmで走っています。このバスが360km先にある目的地に着くまで何時間かかるかを求めます。次の □ に，適切《てきせつ》な数を入れましょう。

高速バスは時速80kmなので，80km進むのに1時間かかります。360kmが80kmの何倍の道のりにあたるかを考えると，

[①] ÷ [②] ＝ [③]

よって，高速バスが360km先にある目的地に着くまでに，

[④] 時間かかります。

〔①　　　　　　　②　　　　　　　〕

〔③　　　　　　　④　　　　　　　〕

2 次の問いに答えましょう。

①時速140kmの電車が4時間に進む道のりは何kmですか。

②分速180mの自転車が900m進むのに何分かかりますか。

〔①　　　　　　　②　　　　　　　〕

4. 速さを別の単位に直す

1 時速144kmで走る電車と，秒速30mで走るチーターの速さを比《くら》べます。次の［　　］に，適切《てきせつ》なことばや数を入れましょう。

単位をそろえて，電車が秒速何mで走るかを求めます。1時間を秒に直すと［ ① ］秒です。また，144kmをmに直すと［ ② ］mです。よって，電車が1秒間に進む道のりは，

［ ② ］÷［ ① ］＝［ ③ ］m

チーターは秒速30mで走るので，電車とチーターを比《くら》べると，［ ④ ］のほうが速いといえます。

〔①　　　　　　　　　②　　　　　　　　　〕

〔③　　　　　　　　　④　　　　　　　　　〕

2 次の問いに答えましょう。

①分速300mは時速何kmですか。

②時速36kmは秒速何mですか。

〔①　　　　　　　　　②　　　　　　　　　〕

解《かい》答《とう》

問題 260ページ

1. 速さを比《くら》べる

1 ①5　②4

③0.2　④0.25　⑤たかし

2. 速さの表し方

1 ①分速240m

②時速550km

③分速70m

④時速53km

解《かい》説《せつ》 ①1200 ÷ 5 = 240　②6050 ÷ 11 = 550　③630 ÷ 9 = 70

④265 ÷ 5 = 53

2 ①分速210m　②時速12600m

解《かい》説《せつ》 ①8400 ÷ 40 = 210　②210 × 60 = 12600

3. 道のりや時間を求める

1 ①360

②80

③4.5

④4.5

2 ①560km　②5分

解《かい》説《せつ》 ①140 × 4 = 560　②900 ÷ 180 = 5

4. 速さを別の単位に直す

1 ①3600

②144000

③40

④電車

2 ①時速18km

②秒速10m

解《かい》説《せつ》 ①300×60÷1000＝18　②36×1000÷60÷60＝10

単位を直すときは，次の図のように計算をしましょう。

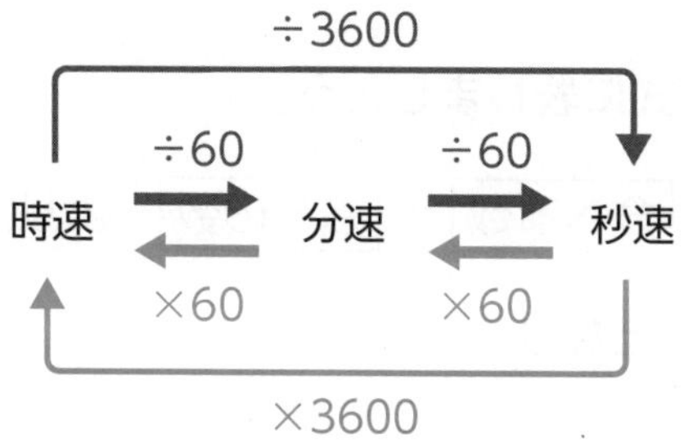

第18章 変わり方

あめが30個《こ》あります。

食べる数を○個《こ》，残りの数を△個《こ》として，○と△の関係を調べましょう。

○と△の関係を式に表しましょう。

全部の数 － 食べる数 ＝ 残りの数 より，

30－○＝△ となります。

○と△の変わり方を，表にしましょう。

○ (個《こ》)	1	2	3	4	5	6	…
△ (個《こ》)	29	28	27	26	25	24	…

○が1ずつ増《ふ》えると，△は1ずつ減《へ》っていきます。

1個《こ》200円のケーキがあります。

このケーキ何《なん》個《こ》かを，100円の箱に入れてもらいます。

ケーキの数を○個《こ》，代金の合計を△円として，○と△の関係を調べましょう。

○と△の関係を式に表しましょう。

200 × ケーキの数 + 箱の代金 = 代金の合計　より，

200 ×○+ 100 =△　となります。

○と△の変わり方を，表にしましょう。

○ (個《こ》)	1	2	3	4	5	6	…
△ (円)	300	500	700	900	1100	1300	…

○が1ずつ増《ふ》えると，△は200ずつ増《ふ》えていきます。

次のように，マッチぼうを規則《きそく》的にならべて，正三角形をつくっていきます。

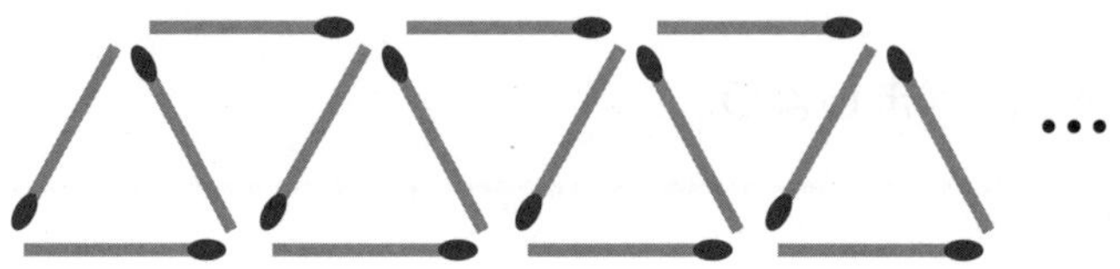

正三角形の数が50個《こ》のとき，マッチぼうは全部で何本ですか。

下の図のように，はじめに囲《かこ》んだ1本と，2本ずつのまとまりに分けて考えます。

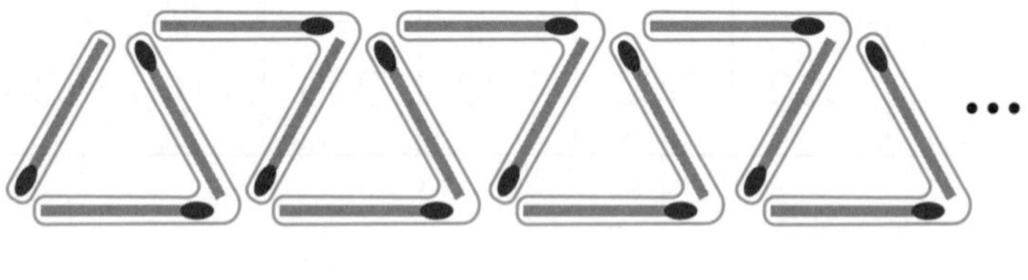

正三角形の数が1個《こ》のとき，2本のまとまりは1個《こ》，正三角形の数が2個《こ》のとき，2本のまとまりは2個《こ》，……となっているので，マッチぼうの本数は，　1＋ 正三角形の数 ×2　と表すことができます。

したがって，

1＋50×2＝101（本）

確《かく》認《にん》問題

解答《かいとう》 277ページ

1. 和や差が決まった数量の関係

1 **ゆうきさんは，チョコレートとキャンディーをあわせて30個《こ》買うことにしました。チョコレートの数を○個《こ》，キャンディーの数を△個《こ》として，これらの数量の関係を調べましょう。**

①チョコレートとキャンディーの数の関係を表した下の表を完成させましょう。

○(個《こ》)	1	2	3	…	28	29	30
△(個《こ》)	Ⓐ	Ⓑ	Ⓒ	…	Ⓓ	Ⓔ	Ⓕ

〔Ⓐ　　　　Ⓑ　　　　Ⓒ　　　　〕

〔Ⓓ　　　　Ⓔ　　　　Ⓕ　　　　〕

②○と△の関係を式に表しましょう。

〔　　　　　　　　　　　　　　　　　　〕

2. 比《ひ》例《れい》の関係

1 時速90kmで走るトラックがあります。このトラックが走った時間を○時間，道のりを△kmとしたとき，トラックの走った時間と道のりの関係を調べます。

①このトラックが3時間走ったときに進む道のりを求めましょう。

〔　　　　　　　　　　〕

②このトラックが450km進むには，何時間かかりますか。

〔　　　　　　　　　　〕

③トラックが走った道のりと時間の関係を表した下の表を完成させましょう。

○ (時間)	1	2	3	4	5
△ (km)					

④○と△の関係を式に表しましょう。

〔　　　　　　　　　　　　　　　　〕

3. いろいろな数量の関係

1 **あきとさんは，回転ずし屋さんに来ています。あきとさんが1皿180円のおすし○皿と500円のジュース1杯《ぱい》をたのむと，合計の代金が△円でした。このときの，あきとさんが食べた皿の枚数《まいすう》と代金の関係を調べます。**

①あきとさんが8皿分のおすしを食べたとき，合計の代金を求めましょう。

〔　　　　　　　　　　〕

②合計の代金が3200円のとき，あきとさんは何皿分食べましたか。

〔　　　　　　　　　　〕

③あきとさんが食べた分の皿の枚数《まいすう》と，代金の関係を表した

下の表を完成させましょう。

○（皿）	1	2	3	4	5	6
△（円）						

④○と△の関係を式に表しましょう。

〔　　　　　　　　　　　　　　　　　　　　〕

解《かい》答《とう》

問題 272ページ

1. 和や差が決まった数量の関係

1 ①Ⓐ29　Ⓑ28　Ⓒ27　Ⓓ2　Ⓔ1　Ⓕ0

②○＋△＝30

2. 比例《ひれい》の関係

1 ① 270km　②5時間

③

○ (時間)	1	2	3	4	5
△ (km)	90	180	270	360	450

④90×○＝△

解《かい》説《せつ》 ①90×3＝270

②450÷90＝5

3. いろいろな数量の関係

1 ① 1940円　②15皿

③

○ (皿)	1	2	3	4	5	6
△ (円)	680	860	1040	1220	1400	1580

④180×○＋500＝△

解《かい》説《せつ》 ①180×8＋500＝1940

②おすしの代金は，3200－500＝2700 (円) なので，2700÷180＝15

本シリーズの電子書籍版「ツーコイン電子参考書・問題集シリーズ」の
制作にあたっては令和２年度事業再構築補助金の交付を受けました。

印刷所　三省堂印刷株式会社
カバーイラスト　二平瑞樹
ブックデザイン　木村祐一（ゼロメガ）
DTP　ゼロメガ

ワンコイン参考書シリーズ
小５算数参考書
令和５年６月１日　初版刊行

著　者　小口諒子〈各章解説〉
ワンコイン参考書・問題集編集委員会〈各章確認問題〉
発行者　原　精一
東京都江東区亀戸８-25-12
発行所　株式会社　日栄社
〒136-0071　東京都江東区亀戸８-25-12
電話　03-6807-0801（代）
ホームページ　https://www.nichieisha.com/

ISBN978-4-8168-5521-4　Printed in Japan